Laurent Lemée

La matière organique complexe des sols et des sédiments

Laurent Lemée

La matière organique complexe des sols et des sédiments

Caractérisation moléculaire et réactivité

Presses Académiques Francophones

Impressum / Mentions légales
Bibliografische Information der Deutschen Nationalbibliothek: Die Deutsche Nationalbibliothek verzeichnet diese Publikation in der Deutschen Nationalbibliografie; detaillierte bibliografische Daten sind im Internet über http://dnb.d-nb.de abrufbar.
Alle in diesem Buch genannten Marken und Produktnamen unterliegen warenzeichen-, marken- oder patentrechtlichem Schutz bzw. sind Warenzeichen oder eingetragene Warenzeichen der jeweiligen Inhaber. Die Wiedergabe von Marken, Produktnamen, Gebrauchsnamen, Handelsnamen, Warenbezeichnungen u.s.w. in diesem Werk berechtigt auch ohne besondere Kennzeichnung nicht zu der Annahme, dass solche Namen im Sinne der Warenzeichen- und Markenschutzgesetzgebung als frei zu betrachten wären und daher von jedermann benutzt werden dürften.

Information bibliographique publiée par la Deutsche Nationalbibliothek: La Deutsche Nationalbibliothek inscrit cette publication à la Deutsche Nationalbibliografie; des données bibliographiques détaillées sont disponibles sur internet à l'adresse http://dnb.d-nb.de.
Toutes marques et noms de produits mentionnés dans ce livre demeurent sous la protection des marques, des marques déposées et des brevets, et sont des marques ou des marques déposées de leurs détenteurs respectifs. L'utilisation des marques, noms de produits, noms communs, noms commerciaux, descriptions de produits, etc, même sans qu'ils soient mentionnés de façon particulière dans ce livre ne signifie en aucune façon que ces noms peuvent être utilisés sans restriction à l'égard de la législation pour la protection des marques et des marques déposées et pourraient donc être utilisés par quiconque.

Coverbild / Photo de couverture: www.ingimage.com

Verlag / Editeur:
Presses Académiques Francophones
ist ein Imprint der / est une marque déposée de
OmniScriptum GmbH & Co. KG
Heinrich-Böcking-Str. 6-8, 66121 Saarbrücken, Deutschland / Allemagne
Email: info@presses-academiques.com

Herstellung: siehe letzte Seite /
Impression: voir la dernière page
ISBN: 978-3-8416-2470-3

Copyright / Droit d'auteur © 2013 OmniScriptum GmbH & Co. KG
Alle Rechte vorbehalten. / Tous droits réservés. Saarbrücken 2013

SOMMAIRE

Introduction..2

Partie I : Etude de la matière organique des sols....................................5
    1-Etude des lipides simples
    2-Etude des lipides complexes
    3- biodégradation du carbone organique dans les sols

Partie II : Etude de la matière organique en zones humides................32
    1-Etude des lipides
    2-Etude des substances humiques
    3-Utilisation en traitement de dépollution

Partie III : Etude de la matière organique des sédiments anciens.................74
    1-Etude de la matière organique d'un lignite
    2-Etude des sédiments anciens
    3-Rôle de la matière organique sédimentaire dans le transport de radionucléides

Conclusions et perspectives...104

Références bibliographiques..106

INTRODUCTION

La matière organique des sols joue un rôle essentiel dans l'environnement. Elle constitue le substrat indispensable au développement de la vie biologique, car elle est une source majeure de carbone et d'énergie pour les microorganismes. Elle conditionne les propriétés chimiques (stocks de carbone, d'azote et de phosphore) et physiques (perméabilité, stabilité structurale, capacité de rétention et de circulation en eau) du sol (Fustec-Mathon *et al.*, 1975; Jambu *et al.*, 1983 ; Dutartre *et al.*, 1993). Elle intervient dans la composition atmosphérique par le biais de la minéralisation et protège les ressources en eau par sa capacité à retenir les polluants organiques (phytosanitaires) ou minéraux (métaux lourds).

La matière organique des sols est constituée de molécules provenant essentiellement des plantes, des animaux et des microorganismes du sol (bactéries, champignons,...). Dans certaines conditions de dépôt, cette matière organique peut échapper au cycle du carbone et s'accumuler pour former un sédiment. Au cours de la diagenèse, ces molécules sont biodégradées puis altérées sous l'influence de la température et de la pression. La géochimie organique s'intéresse à cette matière organique depuis son origine, son rôle dans les sols, les eaux jusqu'à sa sédimentation ; des premières phases (zones humides, tourbes) jusqu'à sa transformation en combustibles fossiles (charbon, pétrole, gaz).

Le travail de recherche présenté ici concerne la compréhension des processus de préservation et de dégradation de la matière organique d'origine biologique dans les sols, les tourbes voire dans les sédiments anciens. La connaissance de ces processus a pour but, dans un cadre plus large, d'appréhender les mécanismes de stabilisation du carbone qui mènent à la formation du sédiment et l'immobilisation possible de composés xénobiotiques. Il s'agit aussi d'établir la relation entre la matière organique fraîchement déposée et celle présente dans les roches sédimentaires. S'agit-il de la même matière organique à différents stades d'évolution ou provient-elle de sources différentes ?

La compréhension de la réactivité et de la dynamique de la matière organique des sols et des sédiments passe nécessairement par l'étude fine de sa structure moléculaire. La mise en œuvre de méthodes d'investigation chimiques et physico-chimiques a constitué une part essentielle de ce travail qui s'est déroulé selon 2 axes : d'une part l'analyse structurale de la matière organique simple et complexe et d'autre part, la modélisation des processus de biotransformation du carbone organique. L'investigation structurale a concerné les lipides (fraction soluble) des sols et des sédiments, les acides fulviques, les acides humiques et l'humine de zones humides ou de tourbes et le kérogène des roches sédimentaires.

La structure de la matière organique complexe (lipides macromoléculaires, substances humiques et kérogène) a été appréhendée en 3 temps :

- une approche globale par analyse élémentaire et spectroscopies infra-rouge à transformée de Fourier (FTIR) et résonance magnétique nucléaire du proton et du carbone (RMN ^{1}H et ^{13}C-CPMAS),
- une analyse par pyrolyse en présence ou non d'agents alkylants (thermochimiolyse) couplée à la chromatographie en phase gazeuse et à la spectrométrie de masse (Py-GCMS),
- une analyse plus fine conduite par voie chimique (application de réactions d'hydrolyse, oxydation,...) ou de réactions enzymatiques.

La présentation de ce mémoire se déroule en 3 parties relatives aux types d'échantillons étudiés : les sols, les zones humides et les sédiments.

Dans chacune de ces 3 parties, seront abordées la caractérisation des différentes formes de matière organique présentes dans les échantillons ainsi que l'évolution de cette matière organique ou son interaction avec d'éventuels composés xénobiotiques.

PARTIE I

ETUDE DE LA MATIERE ORGANIQUE DES SOLS

Les lipides, par définition insolubles dans l'eau et solubles en milieu organique, jouent un rôle déterminant sur les propriétés physico-chimiques et biologiques des sols. Particulièrement abondants en milieu acide, ils peuvent représenter jusqu'à 30% du carbone organique. Ils ont une origine principalement végétale et bactérienne et peuvent également résulter de la biotransformation de résidus végétaux par les micro-organismes.

Les lipides simples, directement analysables, sont constitués de très nombreux composés, en particulier d'hydrocarbures (linéaires, ramifiés, cycliques ou aromatiques), d'esters (cérides et stérides), de cétones (méthylcétones et cétones stéroïdiques), d'alcools (aliphatiques et triterpéniques), de stérols, d'acides aliphatiques monocarboxyliques, dicarboxyliques, de cétoacides, d'hydroxyacides, voire de divers acides aromatiques.

Un deuxième pool lipidique existe – les lipides complexes, il s'agit de molécules relativement peu solubles et de poids moléculaire plus élevé que les lipides simples et devant être dégradées (chimiquement ou thermiquement) à fin d'analyse ; l'analyse concernant les monomères ainsi libérés. Cette fraction complexe peut représenter jusqu'à 60 % de l'extrait lipidique total. Les travaux précédemment conduits au laboratoire ont montré que ces lipides sont assimilables à un proto-kérogène et qu'ils jouent un rôle essentiel dans le fonctionnement des sols. Par dégradation chimique, il a été observé que des lipides simples et des molécules exogènes (ou issues de leur biotransformation) pouvaient s'incorporer à cette matrice avec un probable relargage ultérieur (Mayoungou-Vembet, 1989 ; Okomé-Mintsa, 1991 ; Amblès et al., 1989, 1994). Un processus analogue doit également affecter les acides humiques et l'humine (Richnow et al., 1994). Il est donc nécessaire de prendre en compte ces fractions complexes pour comprendre les mécanismes de biodégradation du carbone organique et établir son bilan.

1. Etude des lipides simples

Le sol SOR a été prélevé en janvier 1993 près de Saint-Sornin en Vendée (figure I-2), dans l'horizon A (0-3 cm) d'un luvisol-redoxisol (sol lessivé glossique). Il s'agit d'un sol acide (pH 4,1) recouvert d'une forêt de châtaigniers. Il contient 14,3% de matière organique, avec un rapport C/N=18,9. Il présente des taux d'argile de 13,5%, de carbonate de calcium de 7% et de carbone organique total de 7%.

Les études préliminaires menées au laboratoire (Hita, 1996) ont montré que le sol SOR est un sol relativement "atypique". Outre un taux élevé de lipides (6311 ppm), on note la présence de stéroïdes détectés uniquement en milieu marin et considérés comme marqueurs de ces milieux, tels que le 24-propylcholestérol.

Les masses des principales familles de lipides, obtenues selon le protocole résumé sur la figure I-1, sont reportées dans le tableau I-1.

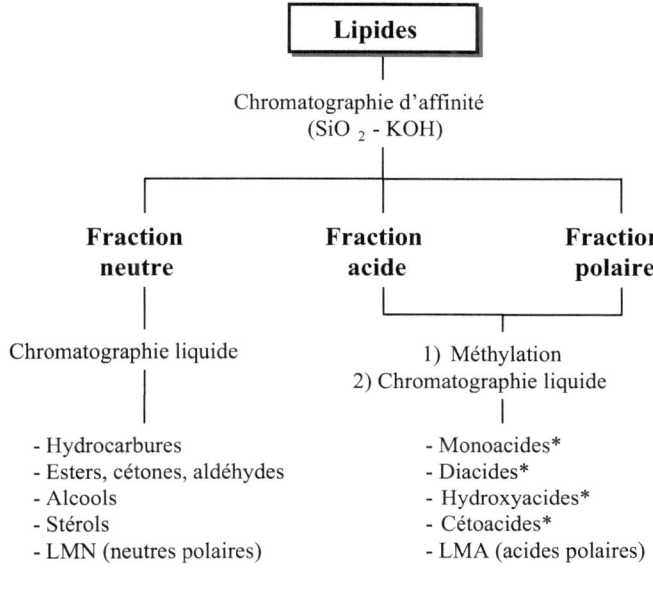

Figure I-1 : Protocole de séparation des lipides.
*(LMN : lipides macromoléculaires neutres ;
LMA : lipides macromoléculaires acides)*

Tableau I-1 : Masse des principales familles de lipides en mg/kg (ppm) de terre sèche (TS).

Composés	Quantité (ppm)
hydrocarbures	71
aldéhydes, cétones, esters	212
alcools	157
LMN	610
monoacides	502
di-, hydroxy-, cétoacides	1198
LMA	2534

Les lipides simples du sol SOR ont une origine majoritairement végétale. Les α-hydroxyacides, les 4-cétoacides et les cétones témoignent cependant de phénomènes d'oxydation microbienne. La présence dans ce sol, de 2-méthylaldéhydes est un résultat original par rapport aux autres sols étudiés jusqu'à présent. Une cétone triterpénique, la stigmastadiènone, manifestement issue d'une réaction équivalent à une oxydation allylique du 24-éthylcholestérol (stérol majeur des sols), a également été identifiée. Sa structure a été vérifiée, après synthèse (figure I-2) par spectrométrie de masse et RMN ^{1}H et ^{13}C.

Des méthylstéranes sont également observés dans le sol SOR bien que ces composés aient rarement été isolés dans les sols récents. En effet, ces composés sont en général des marqueurs des sédiments anciens (Reiss, 1994).

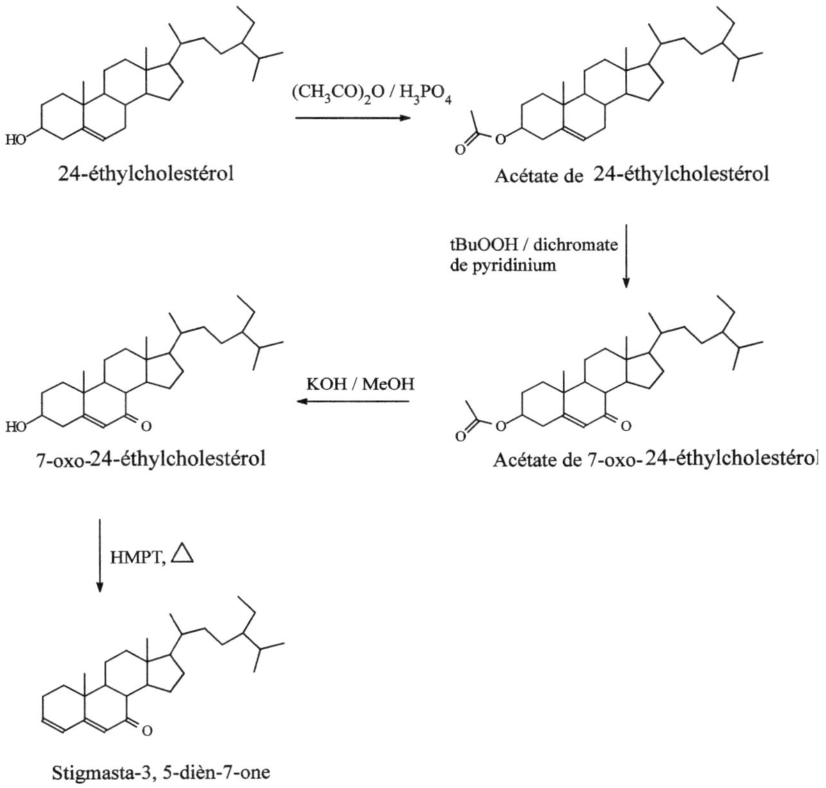

Figure I-2 : Schéma de synthèse de la stigmastadiènone.

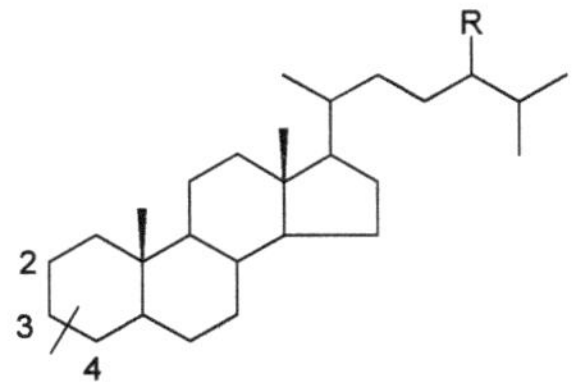

Méthyl stéranes

R = H, Me, Et ; méthyle en 2, 3 ou 4

On note aussi la présence de hopanes diagénétiques de configuration 17α(H),21β(H) et 17β(H),21α(H), habituellement observés dans les sédiments anciens matures. Les hopanoïdes proviennent principalement du bactériohopanetétrol qui joue le rôle de renforçateur membranaire dans les organismes procaryotes (Ourisson et Rohmer, 1992). Dans les sols, la chaîne latérale polyfonctionnalisée subit des modifications plus ou moins importantes pour donner, entre autres composés, des acides et des hydrocarbures (figure I-3).

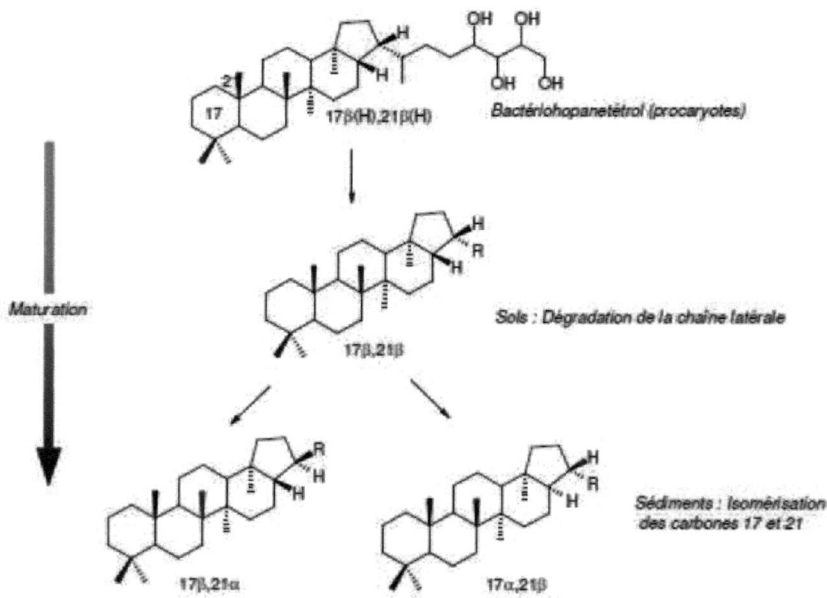

Figure I-3 : Transformation des hopanes dans les sédiments.

La configuration naturelle des hopanoïdes bactériens est 17β(H),21β(H),22R. Dans les sédiments, leur maturation au cours de la diagenèse conduit à la formation des isomères thermodynamiquement plus stables 17α(H),21β(H) et 17β(H),21α(H) (Van Dorsselaer *et al*., 1977 ; Ourisson *et al*., 1979). Ces isomères sont donc caractéristiques de sédiments anciens ayant atteint un degré de maturité élevé. La configuration du carbone 22 peut également être modifiée, ce qui se traduit par des mélanges d'épimères 22R et 22S (Ries-Kautt et Albrecht, 1989) pour les composés de plus de 29 atomes de carbone. Si ces triterpanes indiquaient une pollution du sol considéré par des produits pétroliers, ils seraient alors accompagnés de composés tels le prystane ou le phytane ; ce n'est pas le cas ici. La présence d'isomères 17α(H),21β(H) a déjà été observée dans des sols non pollués et dans des tourbes acides (Ries-Kautt et Albrecht, 1989 ; Schwoerer, 1998). Plusieurs hypothèses peuvent être envisagées pour expliquer leur présence. L'isomérisation des biohopanes bactériens peut ne pas être spécifique aux sédiments anciens mais intervenir rapidement (prédiagenèse) si les conditions sont favorables, par des processus abiotiques d'isomérisation éventuellement catalysés par la matière minérale. Il est également possible que les isomères de configuration 17α(H),21β(H) soient naturels, issus de certaines souches bactériennes spécifiques.

2. Etude des lipides complexes

L'échantillon étudié provient du Plateau de Millevaches. Il s'agit d'un sol acide (pH 4,7), très riche en matière organique (56 %), intermédiaire entre un sol et une tourbe. Les lipides (5 % de la matière organique totale) ont été séparés en une fraction neutre qui représente 19% des lipides totaux et une fraction acide et polaire correspondant à 74 % des lipides totaux. Ces deux fractions, chromatographiées sur gel de silice conduisent à 2153 ppm de lipides macromoléculaires (12 % des lipides totaux). Leur structure a été étudiée par pyrolyse et thermochimiolyse préparatives.

<u>La pyrolyse</u>

La pyrolyse est une technique très utilisée pour l'analyse de la matière organique des sols (Hempfling et Schulten, 1990 ; Schnitzer et Schulten, 1992 ; Saiz-Jimenez, 1992 ; Preston *et al*., 1994 ; Hatcher et Clifford, 1994) et des sédiments (Larter et Horsfield, 1993 ; Boussafir *et al*., 1995).

L'utilisation d'un agent alkylant, le processus est alors appelé thermochimiolyse (De Leeuw et Baas, 1993), améliore le taux de conversion en minimisant les réactions secondaires telles les décarboxylations d'acides aromatiques (Challinor, 1989 ; Mulder *et al*., 1992). La thermochimiolyse permet de plus de dégrader les parties aliphatiques très résistantes de la matrice en favorisant la transalkylation de polyesters, résistant dans les conditions classiques de pyrolyse. Le mécanisme mis en jeu au cours de la thermochimiolyse en présence d'hydroxyde de tétraméthylammonium (TMAH) est proposé sur la figure I-4.

Cette réaction d'hydrolyse et de méthylation est souvent appelée thermally assisted hydrolysis and methylation (THM) (Challinor, 2001).

Le système de pyrolyse préparative utilisé au laboratoire (Grasset & Amblès, 1998 a) permet de traiter des quantités importantes (1 à 2 g). Le dispositif expérimental est présenté sur la figure I-5. La température du four est fixée à 400°C pendant 1 heure. Le pyrolysat est ainsi obtenu en quantité suffisante pour subir des opérations de séparation. La détermination est longue, mais plus précise pour une analyse structurale détaillée des familles de composés obtenus.

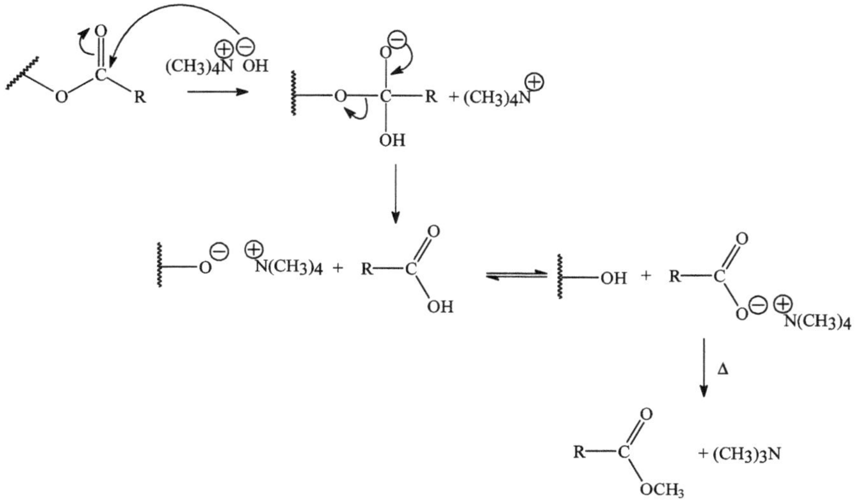

Figure I-4 : Mécanisme d'obtention des esters méthyliques par thermochimiolyse en présence de TMAH.

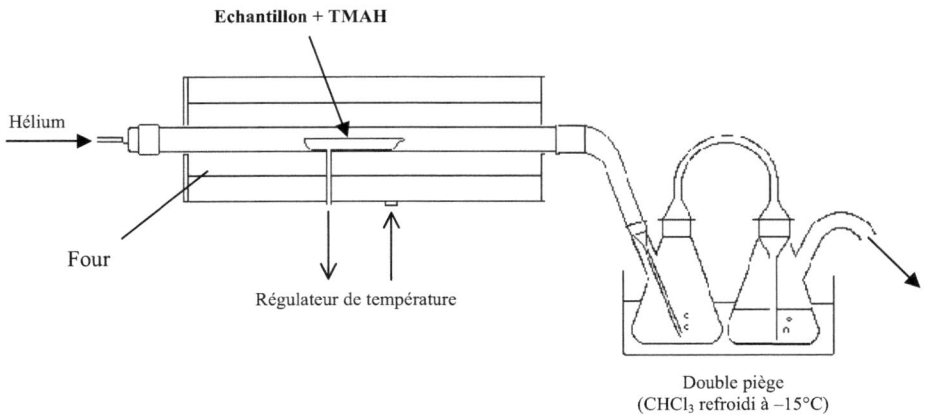

Figure I-5 : Dispositif expérimental de thermochimiolyse préparative.

Les différentes familles de composés, obtenues après séparation des produits de pyrolyse selon le protocole présenté sur la figure I-6, sont présentées dans le tableau I-2

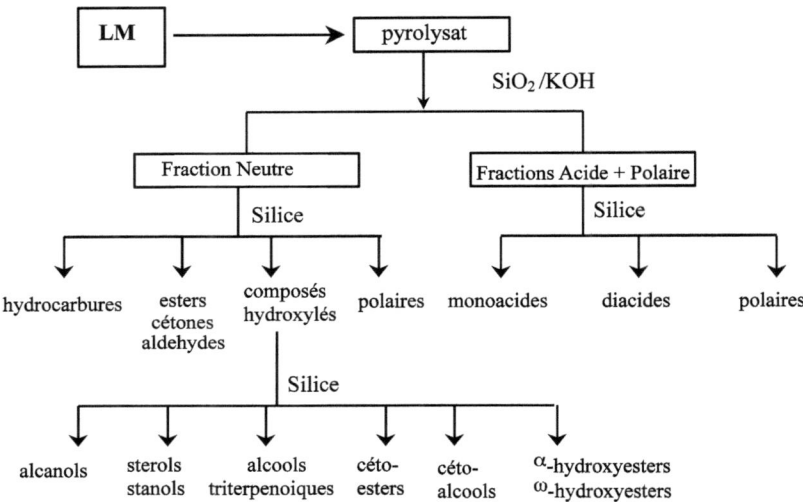

Figure I-6 : Protocole de fractionnement des produits de pyrolyse.

Les deux techniques se sont avérées complémentaires, en effet la thermochimiolyse en présence d'hydroxyde de tétraméthylammonium (TMAH) ne permet pas de distinguer les esters méthyliques obtenus par hydrolyse/méthylation (transestérification) des acides estérifiés à la matrice des acides ou esters méthyliques piégés dans le réseau macromoléculaire (figure I-7).

La matrice apparaît formée de chaines aliphatiques réticulées. Des alcools aliphatiques, triterpénoiques comme l'α-amyrine, des stérols, stanols sont liés à la matrice par des groupes éther ou ester. Les acides gras peuvent être incorporés par estérification. Les diacides et d'autres composés comme les hydroxyacides forment des ponts alkyles. Différents composés sont piégés dans le réseau macromoléculaire (figure I-8).

Tableau I-2 : Produits de dégradation thermique des lipides macromoléculaires du Plateau de Millevaches (% du pyrolysat).

	Pyrolyse	Thermochimiolyse	Distribution
hydrocarbures	14.5	26	$C_{16} - C_{36}$
acids gras (méthylés)*	4.1		$C_{14} - C_{34}$
esters méthyliques	6.1	19	$C_{14}-C_{19}$; $C_{20}-C_{32}$
diacides (méthylés)*	7.2	15	$C_{11} - C_{28}$
alcools (acétates)*	2.6	5	$C_{14} - C_{32}$
cétones	1.7	5	$C_{17} - C_{33}$
aldéhydes	0.7	0.1	$C_{19} - C_{31}$
α-hydroxyesters	1	2.1	$C_{22} - C_{27}$
ω-hydroxyesters	2.1	2.8	$C_{16} - C_{28}$
(ω–1)–cétoesters	2.1	-	$C_{22} - C_{29}$
(ω–1)–cétoalcools	1	-	$C_{17} - C_{29}$
esters octyliques	1.9	-	$C_{14} - C_{22}$
Composés polaires	55	25	

* après dérivation

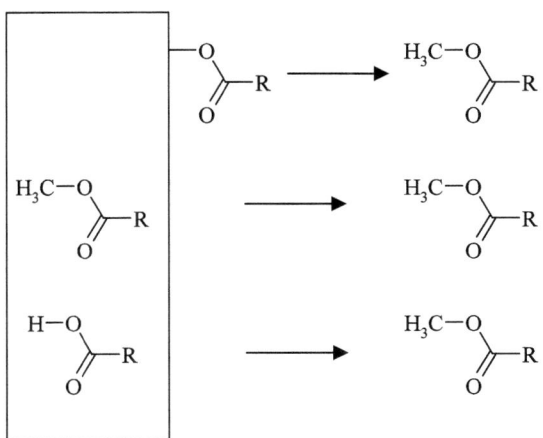

réseau macromoléculaire

Figure I- 7: Origines possibles des esters méthyliques obtenus par thermochimiolyse en présence de TMAH.

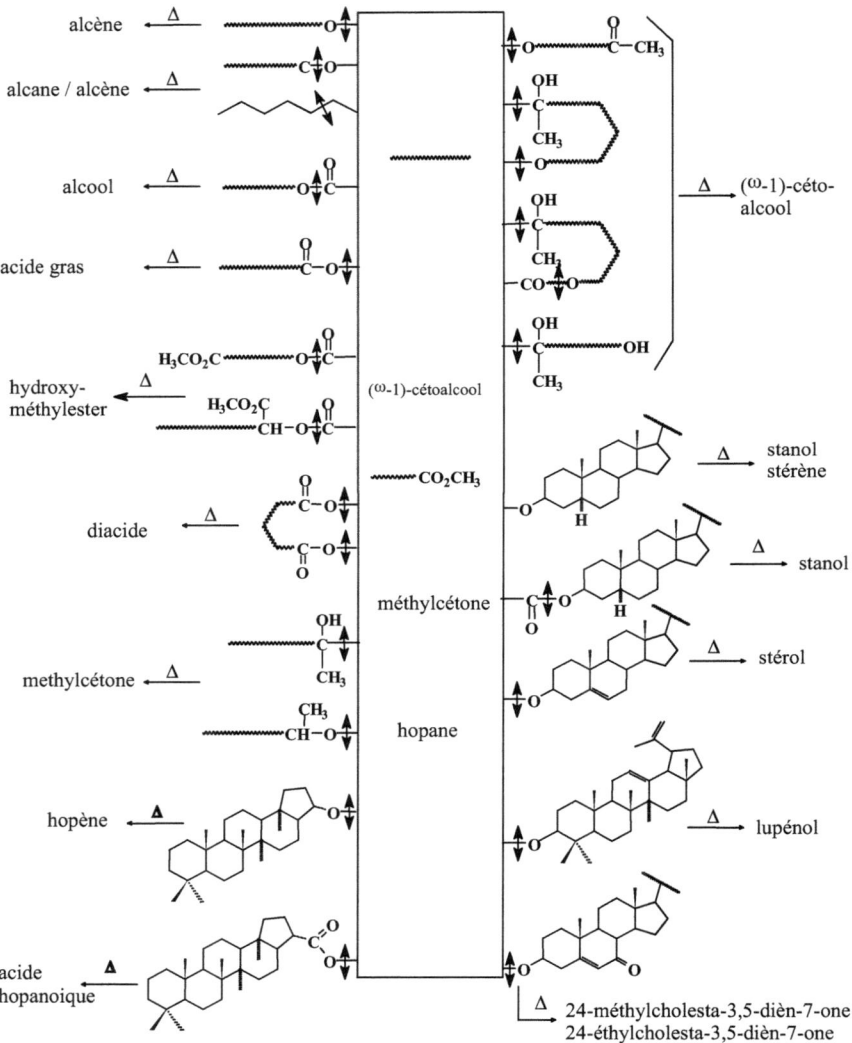

Figure I-8 : Liaisons pouvant être présentes dans les lipides macromoléculaires et coupées par pyrolyse.
Les structures à l'intérieur du cache correspondent aux molécules «piégées» dans le réseau macromoléculaire (sans liaison covalente).

3. biodégradation du carbone organique dans les sols

La technique de l'épandage de déchets organiques sur sols utilise les boues ou les effluents industriels comme fertilisants pour compenser les pertes de carbone des sols cultivés: minéralisation du carbone par les pratiques culturales (labours, engrais minéraux, …), exportations de carbone dues aux récoltes. Son principe repose sur le pouvoir auto-épurateur du sol (Sebyera, 1987 ; Oudot *et al.*, 1989). Les micro-organismes utilisent une partie des composés exogènes provenant de l'épandage comme source de carbone et d'énergie dans le processus naturel de biodégradation (Larsen *et al.*, 1991 ; Pagliai et Vittori Antisari, 1993). Pour éviter tout problème de pollution, il est nécessaire de bien contrôler les différentes étapes. Malgré les recherches déjà menées, certains mécanismes de transformation sont encore mal élucidés et les bilans de carbone exogène présentent des déficits. Ces pertes sont probablement dues à l'incorporation du carbone organique dans les compartiments complexes du sol (Parlanti *et al.*, 1993 ; Amblès *et al.*, 1991, 1993b) : lipides macromoléculaires et substances humiques. Cette incorporation met en jeu des liaisons covalentes comme les liaisons ester et des liaisons de faible énergie (structure supramoléculaire).

3-1. Modélisation en laboratoire

Afin de compléter les études antérieures, en tenant compte des fractions complexes, nous avons modélisé les flux de matière organique en incorporant différents marqueurs à 3 sols caractéristiques. Le sol SOR décrit précédemment, le sol CHA et le sol GOV. Leurs caractéristiques sont rassemblées dans le tableau I-3.

Les échantillons du sol CHA ont été prélevés dans un champ cultivé (blé, maïs) près de Saint-Martin-de-Fraigneau en Vendée, dans l'horizon humifère superficiel d'un rendosol (horizon L). C'est un sol mince (20 cm environ) développé à la surface de dépôts calcaires.

Les échantillons du sol GOV ont été prélevés dans un champs cultivé (blé, maïs) jusqu'à 20 cm de profondeur (horizon L) près d'Airvault dans les Deux-Sèvres. Il s'agit d'un calcosol (sol brun calcaire) qui présente un pH neutre.

Tableau I-3 : Récapitulatif des caractéristiques des sols.

Sol	pH	argile %	$CaCO_3$ %	COT %	C/N
CHA	8,1	29,0	31	2,7	7,3
SOR	4,1	13,5	7	7,0	18,9
GOV	7,3	25,0	4	2,2	7,5

Les études effectuées sur ces fractions ayant révélé la présence de liaisons ester ainsi qu'une forte réticulation due à la participation d'hydroxyacides, nous avons choisi un hydrocarbure, un acide, un alcool, un diol et un hydroxyacide ainsi qu'une molécule représentative des effluents graisseux, la tristéarine.

Les lipides traceurs ont été additionnés aux sols étudiés à raison de 100 à 200 mg pour 100 g de terre sèche (1000 à 2000 ppm). L'incorporation et l'évolution de ces lipides traceurs dans les fractions complexes des sols ont été suivies en comparant le sol traité avec un échantillon témoin. Après fractionnement, les lipides complexes (lipides macromoléculaires neutres : LMN et acides : LMA) et les acides humiques sont analysés par couplage pyrolyse analytique - chromatographie en phase gazeuse - spectrométrie de masse (Py-GC-MS).

Le dispositif expérimental est présenté sur la figure I-9. Il permet de traiter des quantités beaucoup plus faibles que la pyrolyse préparative (quelques mg). Les deux techniques de pyrolyse apparaissent comme étant complémentaires. La pyrolyse est effectuée à 650°C pendant 10 s avec une montée en température de 5°C/ms.

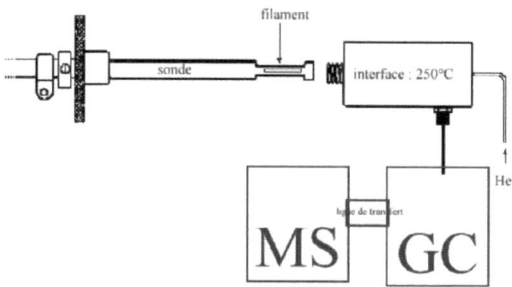

Figure I-9 : Dispositif expérimental de pyrolyse analytique.

Addition d'hydrocarbure

L'addition de 2000 ppm d'éicosane (C_{20}) se traduit par une diminution de la quantité de lipides (dès 1 semaine tout l'éicosane additionné n'est pas récupéré). Cette diminution est due à la minéralisation du carbone ou à son incorporation dans des compartiments insolubles du sol. L'augmentation régulière des lipides macromoléculaires (LM) traduit l'incorporation de l'éicosane ou de ses produits d'évolution dans cette fraction. Les quantités de lipides totaux et macromoléculaires (LM) extraites du sol CHA sont présentées dans le tableau I-4.

Tableau I-4 : Evolution de la quantité de lipides du sol CHA après addition d'éicosane ($mg.kg^{-1}$).

	Lipides totaux	LM
CHA $_{Témoin}$	589	107
1 semaine	2016	144
8 semaines	1326	246

La thermochimiolyse des lipides macromoléculaires montre, après addition d'éicosane, une augmentation de la concentration de l'ester méthylique de l'acide C_{20} correspondant ainsi que des esters courts en C_{14}, C_{16}, C_{18} et $C_{18:1}$ (figure I-10).

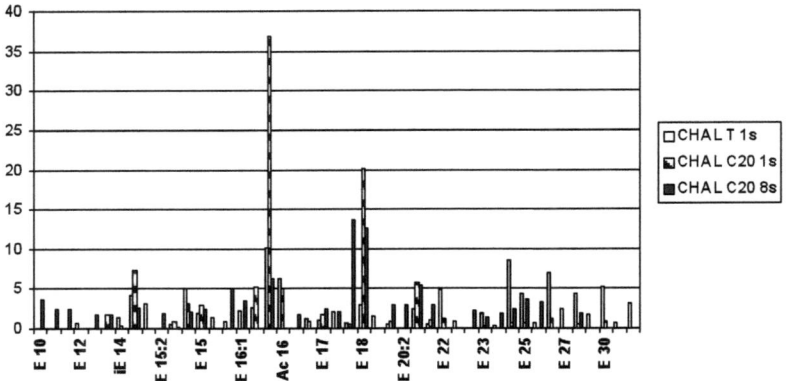

E : ester méthylique linéaire, i,aE : iso, anteiso, Ac : acide gras

Figure I-10 : Distribution des esters méthyliques (E) obtenus par pyrolyse des LM du sol CHA après addition d'éicosane.

L'hydrocarbure a donc été pour partie oxydé avant d'être incorporé à la matrice complexe par liaison ester. Une désaturation enzymatique explique la présence de composés insaturés tandis qu'une β-oxydation suivie d'une décarboxylation conduit aux acides à chaînes courtes (figure I-11).

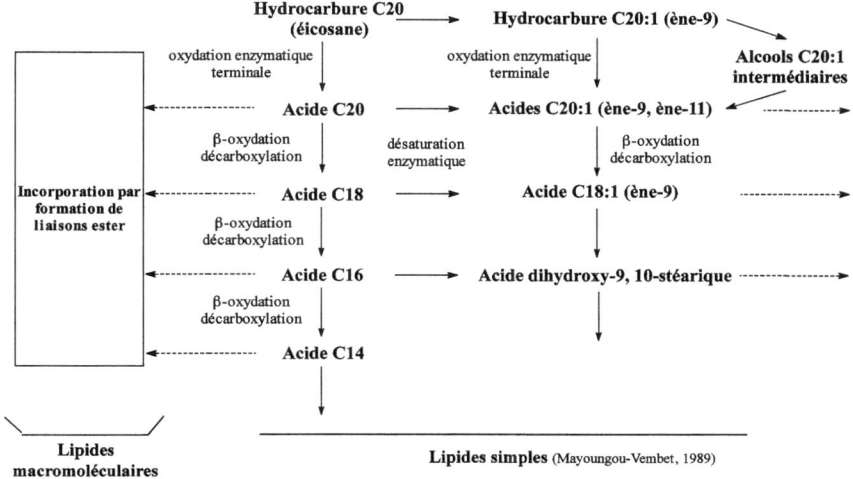

Figure I-11 : Mécanisme de biodégradation des hydrocarbures dans les sols.

Addition d'alcool

Le premier prélèvement effectué 2 jours après addition de 1000 ppm d'eicosanol montre une nette diminution des lipides macromoléculaires due à la stimulation de la microflore. Après une semaine, la quantité de lipides totaux diminue tandis que les lipides macromoléculaires augmentent en raison de l'incorporation de l'éicosanol ou de ses produits d'évolution (tableau I-5).

Tableau I-5 : Evolution de la quantité de lipides du sol CHA après addition d'eicosanol (mg.kg^{-1}).

	Lipides totaux	LM
CHA $_{Témoin}$	589	158
2 jours	1552	56
1 semaine	1376	207
4 semaines	1192	242

La thermochimiolyse des lipides macromoléculaires du sol additionné d'éicosanol fait apparaître une augmentation de la teneur en ester méthylique provenant de son oxydation enzymatique (figure I-12). La présence d'esters courts (C_{14}, C_{16}, C_{18}) montre la possibilité d'une β-oxydation de l'acide suivie d'une décarboxylation préalable à son incorporation au réseau macromoléculaire. Les alcools sont donc des intermédiaires dans le mécanisme d'oxydation des hydrocarbures (figure I-13).

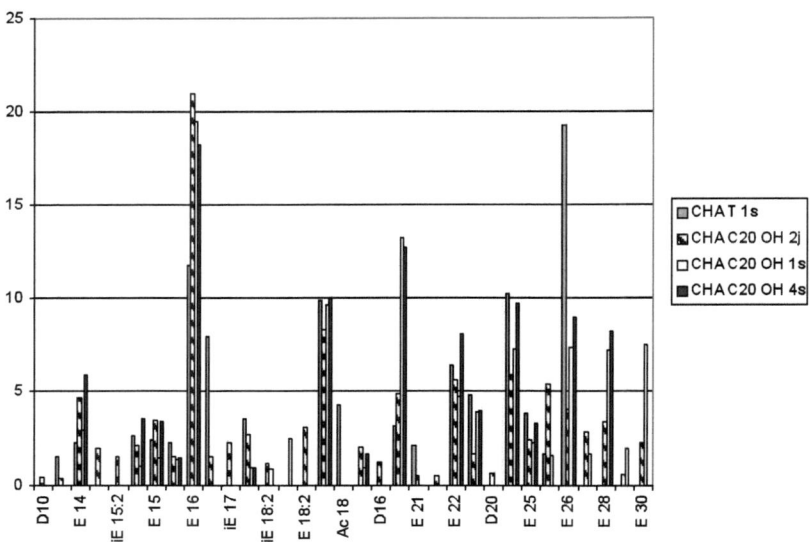

E : ester méthylique linéaire, i,aE : iso, antéiso, Ac : acide gras, D : diester méthylique

Figure I-12 : Distribution des esters méthyliques obtenus par pyrolyse des LM du sol CHA après addition d'éicosanol.

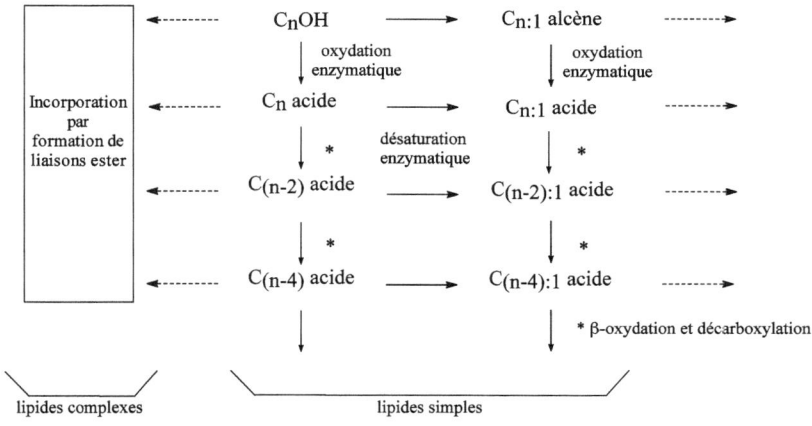

Figure I-13 : Mécanisme de biodégradation des alcools.

Addition de 12-hydroxyoctadécanol

Après addition de 1000 ppm de 12-hydroxyoctadécanol, la séparation des lipides macromoléculaires neutres (LMN) et acides (LMA) montre que le diol et ses produits d'évolution s'incorporent majoritairement dans la fraction polaire acide (tableau I-6).

Tableau I-6 : Evolution de la quantité de lipides dans le sol GOV après addition de diol (mg.kg^{-1}).

	Lipides totaux	LMN	LMA
GOV $_{Témoin}$	613	54	157
4 semaines	913	24	213

L'ester méthylique de l'acide 12-hydroxyeicosanoique identifié parmi les produits de pyrolyse des LMN du sol GOV montre que le diol a subi une oxydation terminale avant de se lier au réseau macromoléculaire par fonction ester. La fonction alcool secondaire n'est ni transformée ni liée au réseau comme le montre le mécanisme présenté sur la figure I-14.

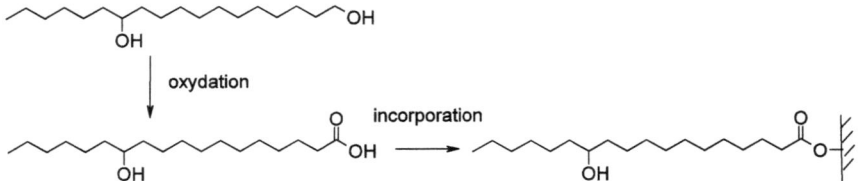

Figure I-14 : Mécanisme de biodégradation des diols.

Addition d'acide 12-hydroxystéarique

Les résultats obtenus après addition de 1000 ppm d'acide 12-hydroxystéarique et présentés dans le tableau I-7 montrent que quel que soit le sol considéré, l'hydroxyacide s'incorpore majoritairement dans la fraction acide des lipides macromoléculaires. Les différents produits de pyrolyse obtenus (figure I-15) montrent que l'hydroxyacide est incorporé au réseau macromoléculaire par liaison ester. La fonction alcool secondaire peut être déshydratée, formylée ou acétylée (figure I-16). Ces deux dernières transformations constituent des réactions de défense des microorganismes vis à vis de molécules exogènes.

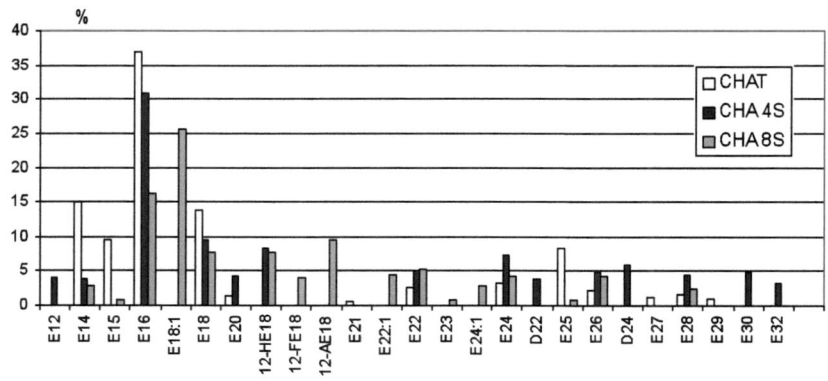

E_n : *ester méthylique, D : diester méthylique, HE : 12-hydroxyester méthylique, FE : 12-formylester méthylique, AE : 12-acétylester méthylique*

Figure I-15 : Distribution des esters obtenus lors de la thermochimiolyse des LMA du sol CHA.

Tableau I-7 : Evolution de la quantité de lipides après addition d'hydroxyacide (mg.kg^{-1}).

	lipides libres	LMN	LMA
SOR T	6311	610	2534
Hac 1S	7131	nd	1610
Hac 4S	6957	482	2368
Hac 8S	7728	523	3332
GOV T	613	54	157
Hac 4S	999	23	65
Hac 8S	1016		75
CHA T	589	73	85
Hac 4S	958	19	90
Hac 8S	1092	24	133

nd : non déterminé

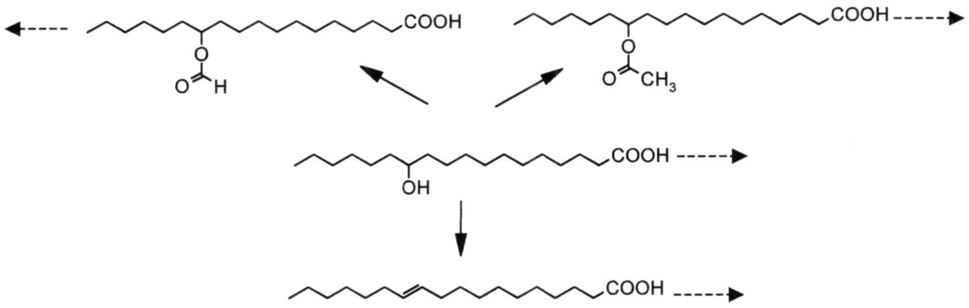

Figure I-16 : Mécanisme de biodégradation de l'hydroxyacide.

Addition de tristéarine

La tristéarine a été additionnée à raison de 2000 ppm. Contrairement à ce qui a été observé précédemment, la tristéarine et ses produits d'évolution s'incorporent très rapidement et majoritairement dans les lipides macromoléculaires neutres. L'incorporation dans les acides humiques semble plus lente (tableau I-8).

Tableau I-8 : Evolution des quantités de lipides et d'acides humiques après addition de tristéarine (mg.kg^{-1}).

	lipides libres	LMN	LMA	Acides humiques
SOR T	6311	610	2534	1378
Tri 1S	8017	874	2996	-
Tri 4S	7699	1827	2125	1881
GOV T	613	54	157	5206
Tri 1S	2543	660	300	-
Tri 4S	2614	1264	276	5542
CHA T	589	73	85	1081
Tri 1S	2606	1184	254	-
Tri 4S	2373	1403	56	1221

La thermochimiolyse confirme ces résultats. La présence de composés issus de la biodégradation de la tristéarine (acide stéarique, stéarates de méthyle, d'éthyle et de propyle) (Hita *et al.*, 1996) est observée dans les lipides macromoléculaires dès une semaine (figure I-17). Ceci dénote un échange très rapide entre lipides simples et complexes. La thermochimiolyse des acides humiques n'a pas traduit d'incorporation marquante après 4 semaines ce qui semble indiquer que les échanges entre fractions simples et humiques nécessitent probablement plus de temps.

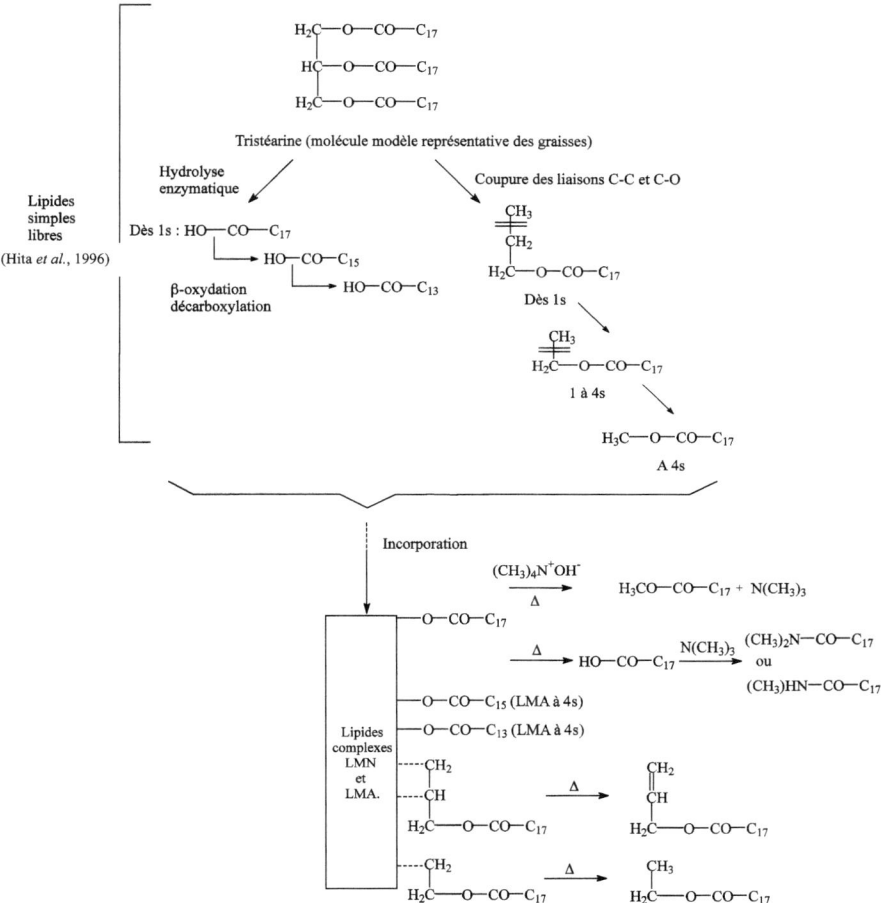

Figure I-17 : Mécanisme de biodégradation de la tristéarine.

3-2. Etude au champ

Une étude de terrain a concerné le devenir de déchets graisseux présents dans les effluents d'une industrie agro-alimentaire (Marie-Surgelés-France). Nous avons analysé, par thermochimiolyse, les lipides complexes et les acides humiques de parcelles cultivées soumises à des épandages de durées variables. Les lipides macromoléculaires de l'effluent ont été caractérisés par thermochimiolyse (figure I-18) et la matière organique complexe des sols épandus, comparée avec celle de sols témoins.

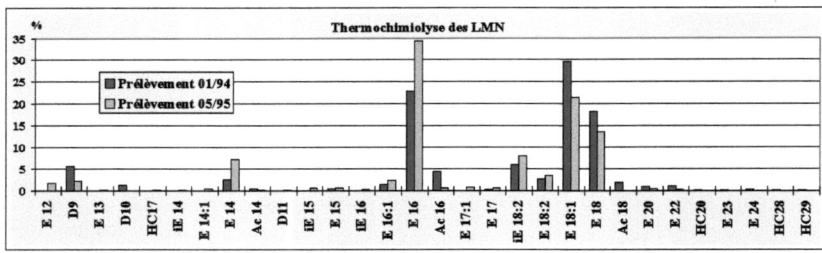

E : ester méthylique linéaire, i,a E :iso, antéiso , D : diester méthylique, Ac : acide gras, HC : hydrocarbure

Figure I-18 : Caractérisation de l'effluent.

Après épandage, la quantité de lipides macromoléculaires a augmenté rapidement montrant l'incorporation du carbone xénobiotique. Le phénomène semble réversible puisque les quantités diminuent après arrêt de l'amendement (figure I-19).

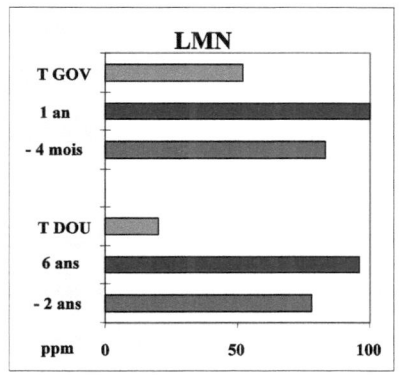 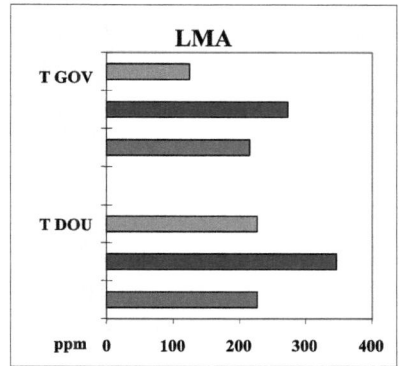

Figure I-19 : Evolution des quantités de lipides macromoléculaires.

La thermochimiolyse (figure I-20) montre l'incorporation rapide (un an après épandage) de composés issus de l'effluent, dans les lipides complexes. La réversibilité de l'incorporation a été constatée quatre mois après l'arrêt des épandages.

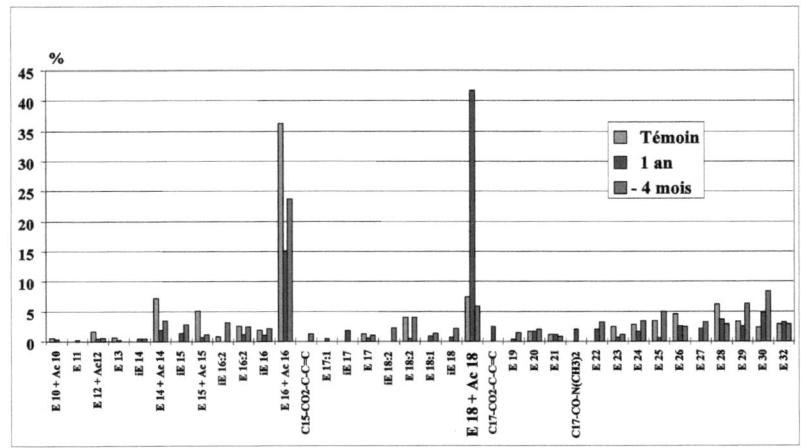

E : ester méthylique linéaire, i,a E :iso, antéiso , D : diester méthylique, Ac : acide gras, HC : hydrocarbure

Figure I-20 : Thermochimiolyse des LMN du sol GOV.

Dans le cas des acides humiques, cette réversibilité n'a été observée qu'après une longue période (figure I-21). Les échanges semblent donc plus rapides entre les lipides simples et les lipides complexes, qu'avec les fractions humiques.

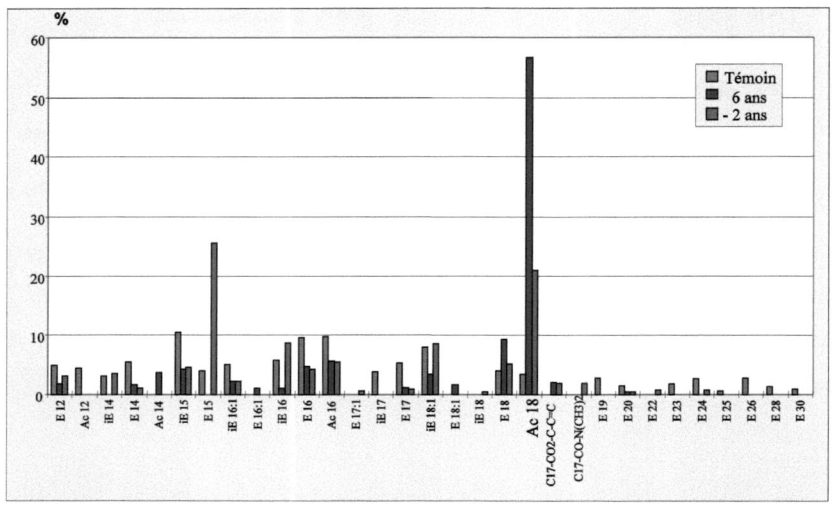

E : ester méthylique linéaire, i,a E :iso, antéiso , D : diester méthylique, Ac : acide gras, HC : hydrocarbure

Figure I-21 : Thermochimiolyse des acides humiques de DOU.

On constate par ailleurs que l'apport du carbone organique au sol induit une augmentation importante de la stabilité structurale (stabilité des agrégats) mesurée selon la méthode de Hénin (Hénin *et al.*, 1958) :

Taux d'agrégats stables

Sol GOV témoin	**sol GOV épandu 1 an**
5,1 +/- 0,1	21,4 +/- 0,7
Sol DOU témoin	**sol DOU épandu 6 ans**
6,4 +/- 0,4	13,3 +/- 0,3

L'épandage représente une solution économique d'élimination des déchets. Depuis juillet 2002, il est interdit de brûler la plupart des déchets ou de les mettre en décharge. La solution de l'enfouissement étant très coûteuse, la valorisation en agriculture semble être une bonne alternative. En apportant du carbone aux sols cultivés, cette technique a des conséquences favorables sur leurs propriétés et leur fertilité.

4. Conclusion

Cette première partie concernait l'étude de la matière organique des sols. La caractérisation des lipides d'un échantillon de sol de Vendée (SOR) a montré sa grande originalité, la présence d'aldéhydes ramifiés, d'une cétone triterpénique, de méthylstéranes et de hopanes diagenétiques étant tout à fait inhabituelle dans les sols récents.

Les lipides macromoléculaires du sol du Plateau de Millevaches ont été caractérisés par pyrolyse et thermochimiolyse préparatives. L'utilisation de ces deux techniques a permis de distinguer les différents composés liés à la matrice par liaisons covalentes de ceux piégés dans le réseau macromoléculaire.

L'addition de lipides traceurs dans différents sols caractéristiques nous a permis de modéliser les voies de biotransformation puis d'incorporation dans les fractions plus complexes (lipides macromoléculaires, acides humiques). La thermochimiolyse analytique mise en œuvre dans cette étude est apparue comme un outil efficace d'analyse des macromolécules, capable de fournir rapidement des informations sur la composition et l'évolution des différents compartiments d'un sol.

PARTIE II

ETUDE DE LA MATIERE ORGANIQUE EN ZONES HUMIDES

L'étude détaillée de différentes familles lipidiques présentes dans les tourbes permet d'obtenir des indications importantes sur les mécanismes d'évolution intervenant au cours des premiers stades de la pré-diagenèse (sédimentogenèse). Il sera également intéressant d'évaluer la contribution des lipides dans la structure des acides humiques et de l'humine. La comparaison des fractions lipidiques avec les produits de dégradation des autres compartiments organiques permet ainsi de déceler d'éventuels processus d'incorporation des lipides libres dans les fractions insolubles par liaison covalente ou association (liaison de faible énergie).

Les sites retenus pour cette étude ont été choisis comme étant représentatifs de tourbes acides : Tourbière du Vénec (Brennilis), Marais de Mazerolles (Nort sur Erdre), Marais de Gironde et calciques : Marais Poitevin, Marais de Rochefort. Leurs principales caractéristiques sont présentées dans le tableau II-1.

Tableau II-1 : Caractéristiques des différents échantillons.

	% MO	pH
Brennilis (29)	85	4,7
Marais Poitevin 30-50 cm (79)	80	6,7
Marais Poitevin 70-90 cm (79)	84	6,0
Marais de Gironde (33)	72	3,8
Marais de Rochefort (17)	43	6,8
Nort sur Erdre (44)	67	5,1

Le tableau II-2 présente la répartition des différentes formes de matière organique présentes dans les échantillons et obtenues selon le protocole décrit sur la figure II-1.

Tableau II-2 : Répartition des différentes formes de matière organique (% massique de la MO totale).

	Lipides	AF	AH	Humine
Brennilis	7	11	50	32
Marais Poitevin 30-50 cm	2	11	27	60
Marais Poitevin 70-90 cm	1	3	20	76
Marais de Gironde	1	27	61	11
Marais de Rochefort	2	38	30	30
Nort sur Erdre	7	5	54	34

AF : acides fulviques ; AH : acides humiques

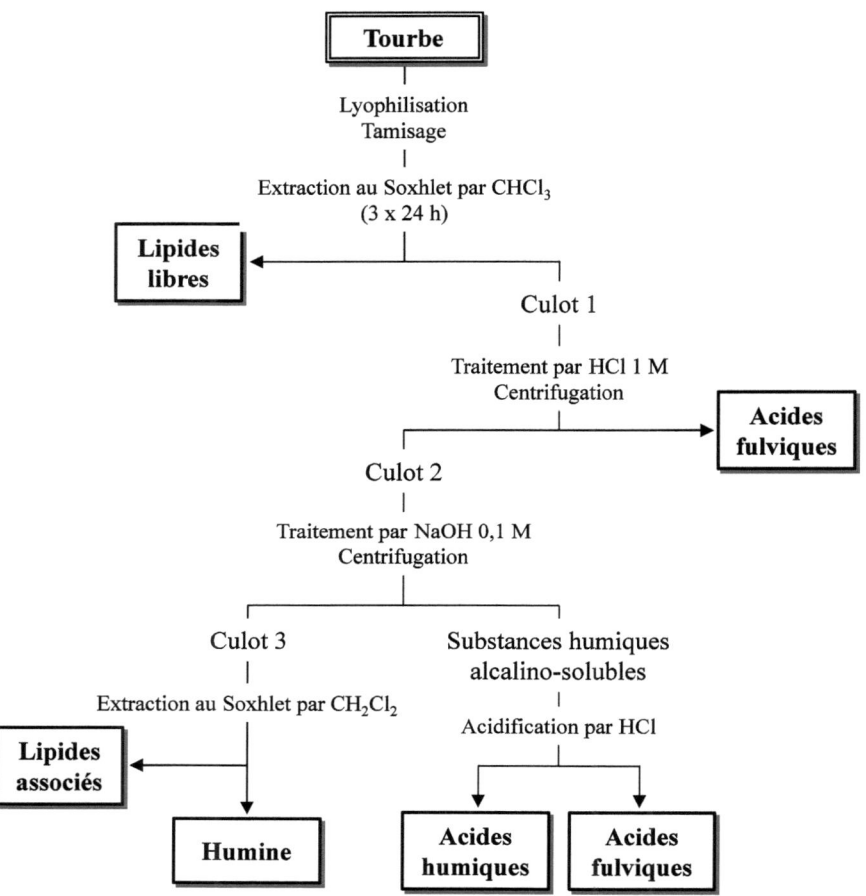

Figure II-1 : Protocole de fractionnement de la matière organique.

1. Etude des lipides

Les lipides de deux tourbes acides (Nort/Erdre et Brennilis) ont été étudiés et comparés à ceux d'une tourbe calcique (Marais Poitevin 30-50 cm). Les résultats du fractionnement (figure II-1) sont présentés dans le tableau II-3.

Des différences quantitatives nettes apparaissent entre les échantillons alors que les distributions sont similaires (figure II-2).

Tableau II-3 : Masses isolées des différentes familles de lipides exprimées en ppm (mg/kg de sol sec)

	M. Poitevin	*Brennilis*	*Nort / Erdre*
hydrocarbures	81	327	298
aldéhydes, cétones, esters	461	2591	1156
alcools linéaires	505	1271	1230
stérols	111	680	756
mono, diacides[1]	2235	7362	2418
hydroxy-, cétoacides[1]	789	1655	644
LMN	338	65	81
LMA	336	8443	2350

([1] après méthylation)

1-1. Lipides simples

Les lipides simples sont d'origine végétale : hydrocarbures longs majoritairement impairs, acides gras à chaînes longues majoritairement paires et microbienne : hydrocarbures à chaînes courtes sans parité marquée, acides gras insaturés ou ramifiés (iso- et antéiso- en C_{15} et C_{17}).

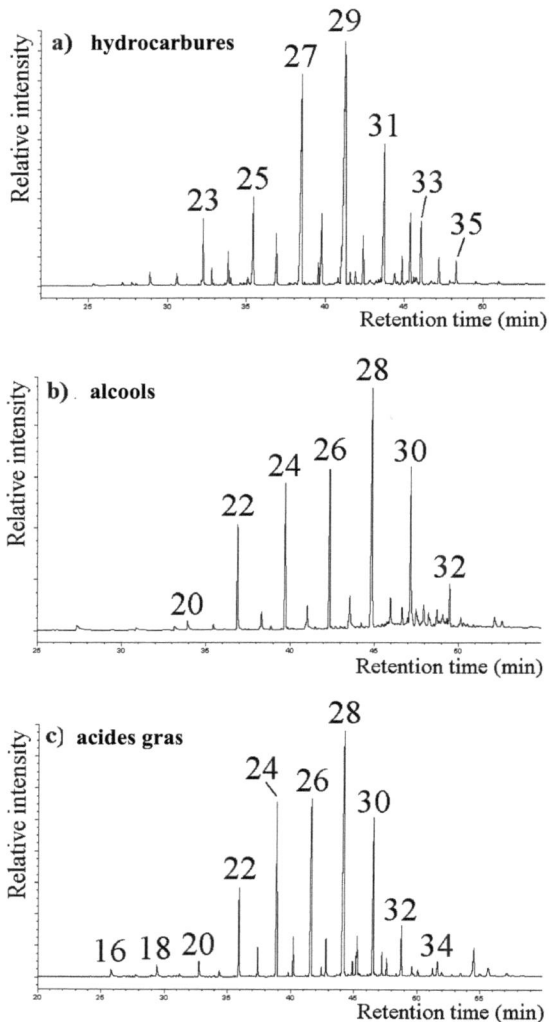

Figure II-2 : Chromatogrammes des hydrocarbures, alcools et acides gras dans les lipides de la tourbe de Nort sur Erdre.

Quelques alcools triterpéniques (représentés ci-dessous) ont été détectés dans les trois échantillons. Ces alcools en C_{30} sont largement répandus dans les végétaux supérieurs, où ils existent à l'état libre ou sous forme d'acétates (Miranda de Castro, 1991).

α-Amyrine   *Lup-20(29)-èn-3β-ol*   *Oléan-13(18)-èn-3β-ol*   *Taraxer-14-èn-3β-ol*

Différentes familles témoignent des conditions fortement réductrices et donc de la faible activité du milieu. En effet, les alcools observés proviennent manifestement de la réduction d'acides gras, favorisée par les conditions anoxiques. Il est très peu probable que ces composés soient des produits d'oxydation d'hydrocarbures, qui conduiraient alors à des alcools majoritairement impairs. Il est également très vraisemblable que les aldéhydes observés résultent de la réduction des acides gras végétaux. De même, les stanols présents dans les trois échantillons et représentés ci-dessous, sont manifestement issus de la réduction des stérols.

1	2	3	4
24-Ethyl-5α(H)-cholestanol	24-Ethylcholestérol	5α(H) Stigmastanol	Stigmastérol
5	6	7	8
5α(H) Campestanol	Campestérol	5α(H) Cholestanol	Cholestérol

Ce processus est connu dans les sédiments récents, marins ou lacustres (Gaskell et Eglinton, 1975 ; Mermoud *et al.*, 1984).

Plusieurs séries de composés oxygénés montrent cependant que les processus d'oxydation n'ont pas été totalement absents. Parmi les méthylcétones, la 6,10,14-triméthylpentadécan-2-one est observée. Cette cétone isoprénoïde, également isolée après hydrolyse de sédiments anciens (Kribii, 1994), provient vraisemblablement de la dégradation microbienne du phytol (Brooks et Maxwell, 1974) :

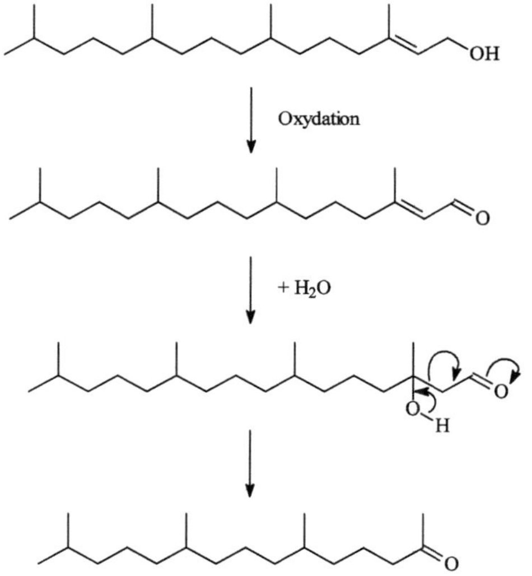

Une cétone triterpénique est également identifiée : la taraxérone, fréquemment rencontrée dans les tissus protecteurs et les écorces des végétaux supérieurs peut également être issue de l'oxydation de l'alcool correspondant (Corbet *et al.*, 1980).

Taraxer-3-one

La distribution des acides α,ω-dicarboxyliques méthylés, relativement proche de celle des monoacides, laisse supposer qu'ils ont également été formés, lors du dépôt, par oxydation des acides gras. Les cétoacides observés sont issus en grande partie de l'oxydation d'acides gras et d'hydroxyacides.

1-2. Lipides complexes

Les lipides macromoléculaires neutres et acides, obtenus après fractionnement des lipides des tourbes de Brennilis, Nort sur Erdre et du Marais Poitevin (30-50 cm), ont été étudiés par thermochimiolyse analytique (650°C pendant 10 s, avec une montée en température de 5 $°C.ms^{-1}$) en présence de TMAH.

Les principaux produits de thermochimiolyse des LMN et LMA (figure II-3) sont des hydrocarbures et des esters méthyliques aliphatiques issus de la transestérification d'esters.

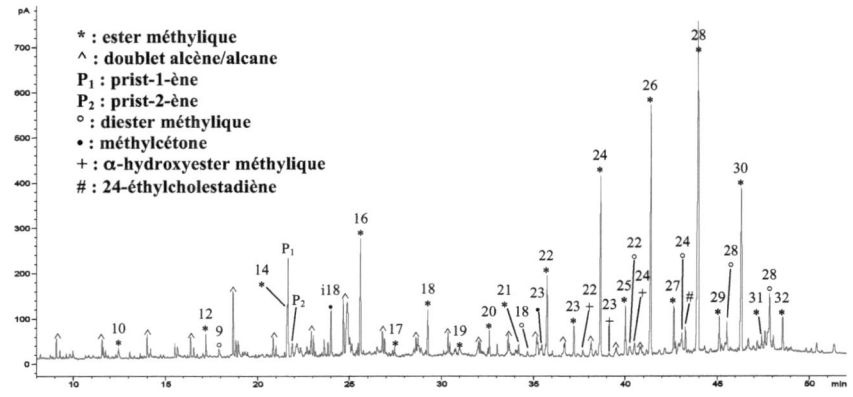

Figure II-3 : Pyrogramme des LMA de la tourbe de Nort sur Erdre.

Les hydrocarbures sont obtenus sous la forme de doublets alcène/alcane. Ils peuvent provenir de coupures radicalaires. Les mécanismes de coupure homolytique sont présentés ci-dessous :

L'obtention de doublets alcène/alcane est généralement attribuée à la présence de macromolécules aliphatiques résistantes (Tegelaar *et al.*, 1989 ; van Bergen *et al.*, 1997 ; Augris *et al.*, 1998).

Des composés bifonctionnels sont obtenus (esters méthyliques d'acides α,ω-dicarboxyliques, ω-méthoxyesters méthyliques). Ils constituaient vraisemblablement des ponts alkyles dans la structure des lipides macromoléculaires.

Enfin, un certain nombre de composés obtenus par thermochimiolyse (méthyl cétones, aldéhydes) étaient probablement immobilisés dans la matrice complexe par encombrement stérique et ont été désorbés par dégradation du réseau lors de la réaction.

1-3. Conclusion

Les lipides simples et macromoléculaires des tourbes acides de Brennilis (sphaignes) et Nort/Erdre (carex) ont été comparés à ceux de la tourbe calcique du Marais Poitevin. Des différences quantitatives notables apparaissent entre ces différentes tourbes.

Les lipides simples ont une origine végétale et microbienne. Certains composés témoignent d'une forte activité réductrice. Les phénomènes d'oxydation ne sont cependant pas totalement absents comme en témoigne la présence de composés oxydés.

Les lipides macromoléculaires ont été étudiés par thermochimiolyse. leur structure est constituée de biopolymères résistants et de chaînes aliphatiques réticulées. Des molécules aliphatiques peuvent être retenues dans ce réseau par liaisons de faible énergie.

2. Etude des substances humiques

Les substances humiques sont généralement les composés majoritaires de la matière organique des sols. Ces fractions peu solubles voire insolubles aussi bien dans les solvants organiques (acides fulviques) qu'en milieu acide (acides humiques) et alcalin (humine), peuvent nous éclairer sur les premières étapes de la sédimentogenèse, c'est pourquoi leur étude permet de mieux comprendre les différents mécanismes de transformation de la matière organique au cours de l'enfouissement. L'analyse de la structure chimique des substances humiques est rendue particulièrement délicate par leur grande complexité, leur hétérogénéité et leur insolubilité. Elle implique généralement des méthodes d'analyse globale, qui doivent nécessairement être complétées par des techniques dégradatives.

Tableau II-4 : Caractéristiques des différents échantillons.

	fraction	% MO[1]	H/C atomique	O/C atomique	C/N massique
Brennilis	AH	94,4	1,38	nd	13,33
	Humine	83,7	1,63	nd	17,97
Marais Poitevin	AH	97,2	1,21	0,61	16,96
	Humine	83,5	1,44	0,48	17,99
Marais de Gironde	AH	89,9	0,95	0,43	17,56
	Humine	42,0	1,35	0,22	17,77
Marais Rochefort	AH	69,0	1,70	1,07	12,44
	Humine	22,0	2,47*	0,71	19,83
Nort sur Erdre	AH	83,9	1,28	nd	16,49
	Humine	57,9	1,60	nd	20,90

([1] : Déterminé par perte au feu à 800°C, nd : non déterminé)
* valeur non significative

Les acides humiques et l'humine des trois tourbes acides (Nort/Erdre, Brennilis et Marais de Gironde), de la tourbe calcique (Marais Poitevin) et du sol calcique (Marais de Rochefort) ont été étudiés. Leurs caractéristiques sont reportées dans le tableau II-4. Dans ce but, des techniques globales ont été utilisées, puis ont été complétées par différentes dégradations chimiques ou thermiques. Les analyses globales par spectroscopie IR et RMN ^{13}C montrent la présence de nombreuses fonctions oxygénées, la participation de polymères ligno-cellulosiques ainsi qu'un caractère hautement aliphatique.

2-1. Thermochimiolyse analytique

La thermochimiolyse analytique a été réalisée en présence de différents agents alkylants. L'utilisation d'hydroxyde de tétraméthylammonium (TMAH) comme agent méthylant a révélé la présence de structures aliphatiques : des hydrocarbures témoins de la présence de biopolymères résistants, des monoacides d'origine végétale ou microbienne (figure II-4) monosubstituant de la matrice ainsi que des diesters ou méthoxyesters liés en pont dans le réseau macromoléculaire.

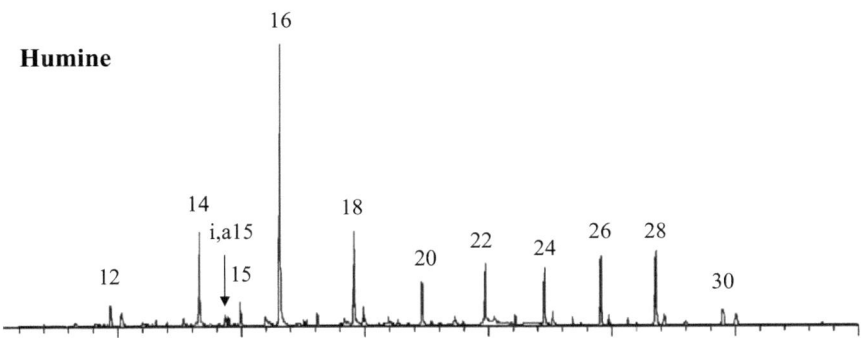

Figure II-4 : Distributions des esters méthyliques de thermochimiolyse analytique (TMAH) de l'humine de la tourbe de Nort sur Erdre (fragmentogrammes m/z = 74).

D'autre part, la contribution de fibres ligneuses dans la structure des substances humiques est confirmée par l'obtention de nombreux dérivés aromatiques polyfonctionnels :

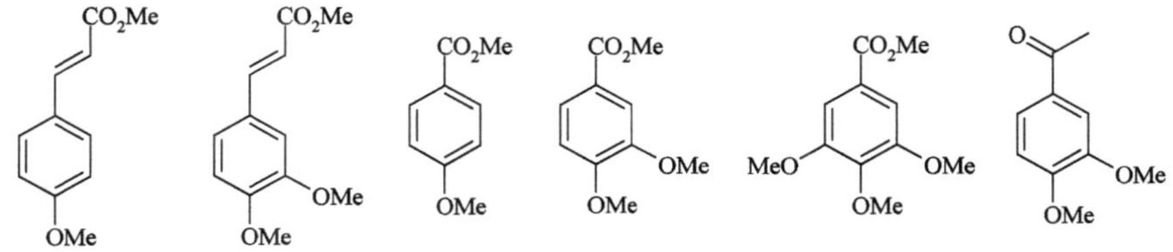

L'utilisation d'un agent propylant, l'hydroxyde de tétrapropylammonium (TPAH), permet de différencier les esters et éthers méthyliques naturellement présents de ceux issus de ruptures pyrolytiques (figure II-5). Cet agent alkylant affiche toutefois une réactivité différente de celle du TMAH. La distribution des acides liés au réseau humique par liaison ester, libérés par thermochimiolyse sous forme d'esters propyliques est présentée sur la figure II-6.

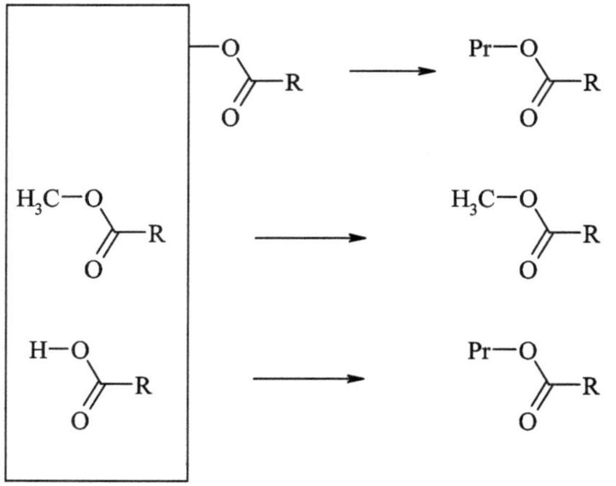

réseau macromoléculaire

Figure II-5 : Produits obtenus par thermochimiolyse en présence de TPAH

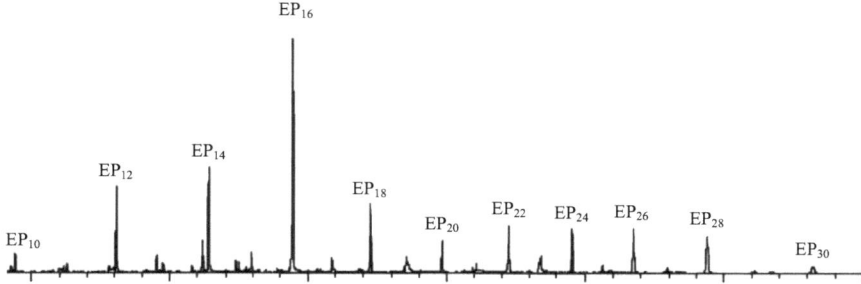

Figure II-6 : Distribution des esters propyliques de thermochimiolyse analytique (TPAH) de l'humine de Nort sur Erdre (fragmentogramme m/z = 61).

Un troisième agent alkylant, l'acétate de tétraéthylammonium (TEAAc) a été utilisé. Les ions acétates, moins basiques que les ions hydroxyles ne peuvent couper les liaisons ester et de ce fait seuls les acides libres sont alkylés (figure II-7). La distribution des esters éthyliques obtenus par thermochimiolyse en présence de TEAAc est présentée sur la figure II-8. La séquence thermochimiolyse-TMAH/thermochimiolyse-TEAAc met clairement en évidence la présence d'entités (hydrocarbures, acides gras, esters méthyliques) piégées dans le réseau humique (figure II-9).

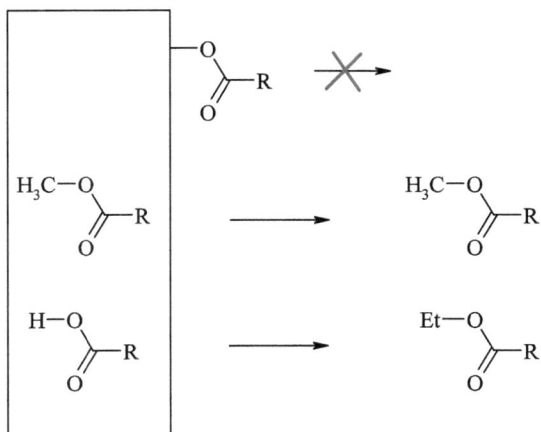

réseau macromoléculaire

Figure II-7 : Produits obtenus par thermochimiolyse en présence de TEAAc

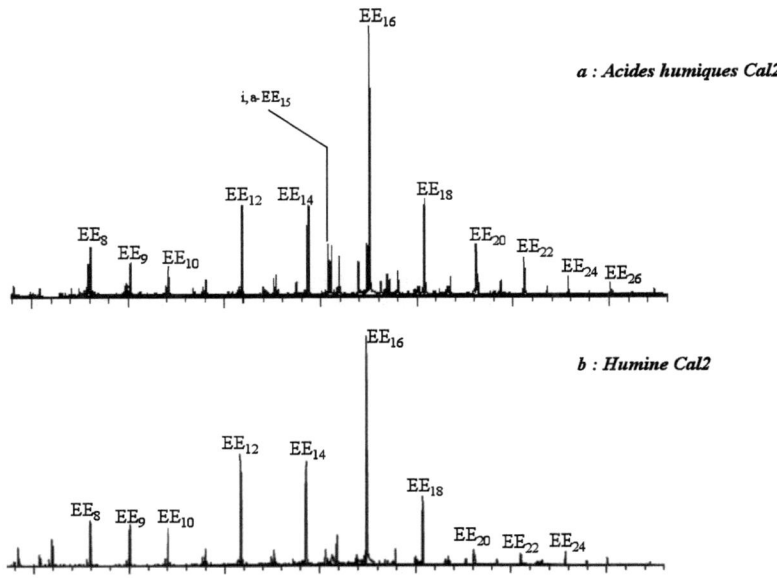

Figure II-8: Distributions des esters éthyliques (suivi de masse m/z = 88) obtenus par pyrolyse-TEAAc des substances humiques du Marais de Blaye-Mortagne.

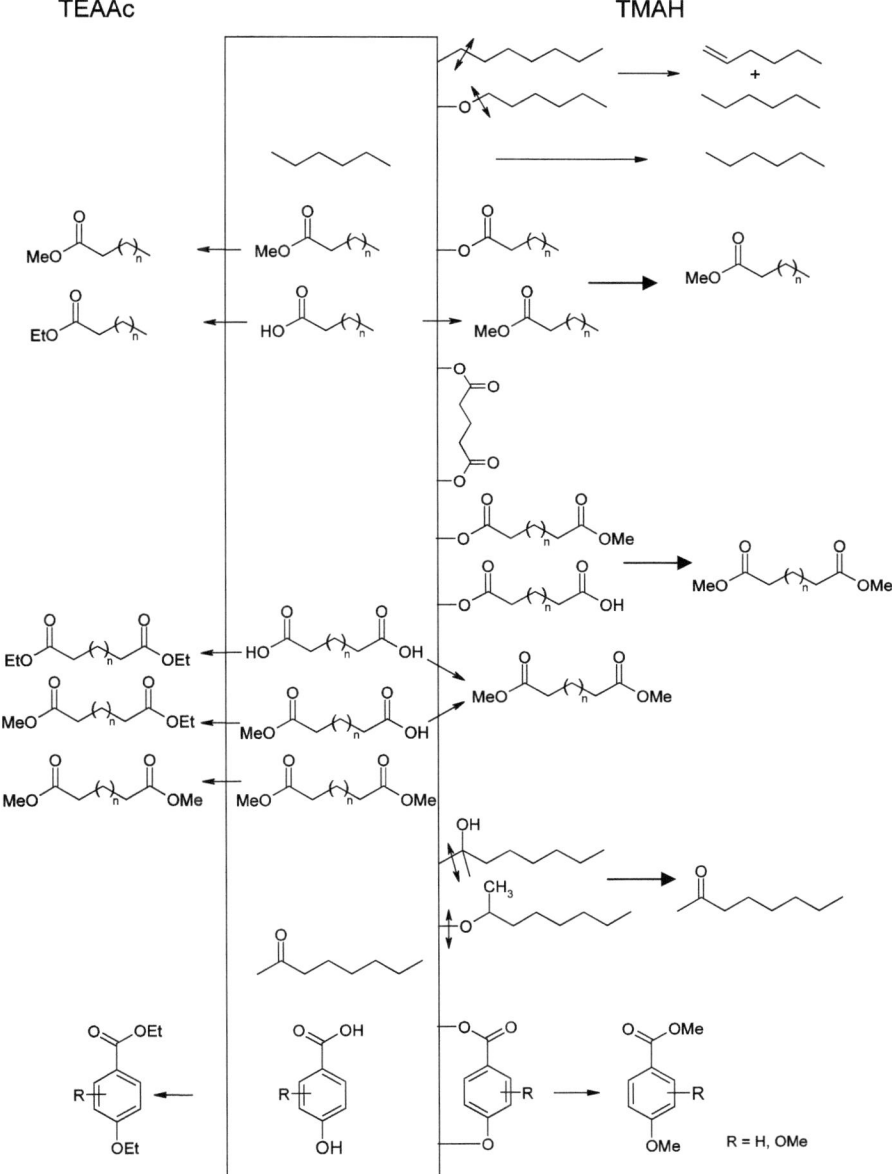

Figure II-9 : Schéma réactionnel d'obtention des composés avec TEAAc et TMAH.

2-2. Thermochimiolyse préparative

La thermochimiolyse préparative, expérimentalement plus contraignante, s'avère complémentaire puisqu'elle permet de quantifier les différents produits. Les résultats quantitatifs obtenus en présence de TMAH sont présentés dans les tableaux II-5 et II-6.

De nombreux composés aliphatiques : doublets alcènes/alcanes, cétones, aldéhydes, esters méthyliques, α- et ω-hydroxyacides ainsi que des molécules aromatiques qui indiquent une contribution ligneuse dans la structure des échantillons étudiés ont été libérés. Ces composés apparaissent comme étant des monosubstituants du réseau macromoléculaire ou prouvent l'existence de ponts aliphatiques dans le réseau humique. Une plus grande diversité structurale de composés libérés a été constatée dans le cas des substances humiques du sol calcique (Marais de Rochefort), cela pourrait être dû au fait que nous soyons en présence d'un milieu qui a été mis en culture.

Tableau II-5 : Résultats quantitatifs de thermochimiolyse préparative des acides humiques en présence de TMAH (mg.kg^{-1}).

	Brennilis	Nort/Erdre	M. Poitevin 30-50 cm	M. Gironde	M. Rochefort
hydrocarbures	1048	2023	1000	2013	1158
esters méthyliques	5624	3129	2000	16129	5500
diesters méthyliques	1137	1827	146	1658	1678
méthoxyesters	437	829	532	-	10130
cétones	95	420	-	-	16238
aldéhydes	-	10	-	-	34443
composés aromatiques	14572	10795	12000	2770	9262

Tableau II-6 : Résultats quantitatifs de thermochimiolyse préparative des humines en présence de TMAH (mg.kg^{-1}).

	Brennilis	Nort/Erdre	M. Poitevin 30-50 cm	M. Gironde	M. Rochefort
hydrocarbures	9525	4592	3522	3395	2691
esters méthyliques	8395	5265	4696	22171	3408
diesters méthyliques	3513	1870	455	6071	1412
méthoxyesters	813	2381	2151	-	3257
cétones	1549	1044	-	300	35
aldéhydes	794	239	-	-	380
composés aromatiques	15322	15814	45790	10000	33721

La thermochimiolyse préparative en présence de TEAAc produit une quantité non négligeable d'esters éthyliques (tableau II-7). Les acides dont ils sont issus n'étaient pas liés au réseau humique par liaison ester mais étaient piégés par des liaisons non covalentes. Cela montre le rôle important que peuvent jouer les liaisons faibles telles que les liaisons hydrogène dans la structure des substances humiques (Piccolo, 2001).

Tableau II-7 : Résultats quantitatifs de thermochimiolyse préparative des substances humiques de Nort/Erdre en présence de TEAAc (mg.kg^{-1}).

	AH	humine
hydrocarbures	2230	4140
esters méthyliques	450	1060
esters éthyliques	2010	2270
acétates	130	300

2-3. Réactions de dégradation sélectives

Des réactions de dégradation chimiques, spécifiques à certains groupements fonctionnels ont été appliquées à nos échantillons afin de compléter les résultats obtenus par dégradation thermique. Une large partie de ce travail a consisté à adapter les conditions de réaction au matériau étudié.

<u>Transalkylation</u>

La réaction de transalkylation permet le transfert des chaînes alkyles substituant les noyaux aromatiques d'un matériau complexe (charbon, asphaltènes, kérogène...) vers un accepteur aromatique léger tel le benzène, le toluène ou la tétraline en présence d'un acide de Lewis ou d'un acide protonique (acide triflique) :

$$\text{structure aromatique-alkyle} \xrightarrow[CF_3SO_3H]{\text{benzène}} \text{alkyl-benzène}$$

Cette réaction de rétro Friedel-Crafts initialement utilisée pour la valorisation des charbons et des résidus lourds de pétrole, a ensuite été appliquée aux asphaltènes (Desbène *et al.*, 1988, 1990) et aux kérogènes (Amblès *et al.*, 1992, 1993; Baudet *et al.*, 1994; Kribii *et al.*, 2001) afin d'étudier la nature des chaînes alkyles liées aux noyaux aromatiques.

La transalkylation a été appliquée pour la première fois au laboratoire aux substances humiques du Marais de Rochefort et du Marais Poitevin. Les différentes familles de produits obtenues sont présentées dans le tableau II-8.

Tableau II-8 : Résultats quantitatifs des composés identifiés lors de la transalkylation (en mg.kg^{-1} d'acides humiques et de concentrés d'humine).

Echantillon	*Marais Poitevin*			*Marais de Rochefort*
	HU 30-50	AH 70-90	HU 70-90	HU Mat
Alkylbenzènes	995	-	-	1677
Hydrocarbures	610	-	-	368
1,1-diphénylalcanes	2767	3160	4070	32727
Acides gras phénylsubstitués	3570	150	654	1145
Acides gras diphénylsubstitués	926	1060	349	traces
Acides gras (méthylés)	2888	466	1548	1755

(1g d'HU 30-50 = 0,835g d'humine vraie ; 1g d'HU 70-90 = 0,86g d'humine vraie)

La présence de chaînes alkyles substituant les noyaux aromatiques a été mise en évidence. Leur distribution est différente dans les deux échantillons. Ces chaînes peuvent être linéaires ou ramifiées, contrairement aux kérogènes des sédiments anciens où seules les chaînes linéaires avaient été identifiées. L'origine des alkylbenzènes est à priori le transfert des chaînes alkyles substituant les noyaux aromatiques, mais ils peuvent aussi provenir de la réaction des esters. En effet, Kribii (1994) a démontré, à partir de molécules modèles placées dans le milieu réactionnel, que les esters peuvent réagir pour conduire à des alkylbenzènes ramifiés et linéaires selon le mécanisme décrit sur la figure II-10. Dans l'humine du Marais Poitevin 30-50, les alkylbenzènes ramifiés sont les principaux composants identifiés. Il est donc possible que ces composés proviennent de la réaction des esters et plus précisément des alcools libérés après hydrolyse. La distribution reconstituée de ces chaînes est présentée sur la figure II-11. Elle diffère nettement de celle des alcools libérés lors de l'hydrolyse alcaline réalisée sur le même échantillon (Grasset, 1997). Il est donc raisonnable de penser que les alkylbenzènes proviennent des chaînes alkyles substituant les noyaux aromatiques de la matrice plutôt que de la réaction des esters dans les conditions de transalkylation.

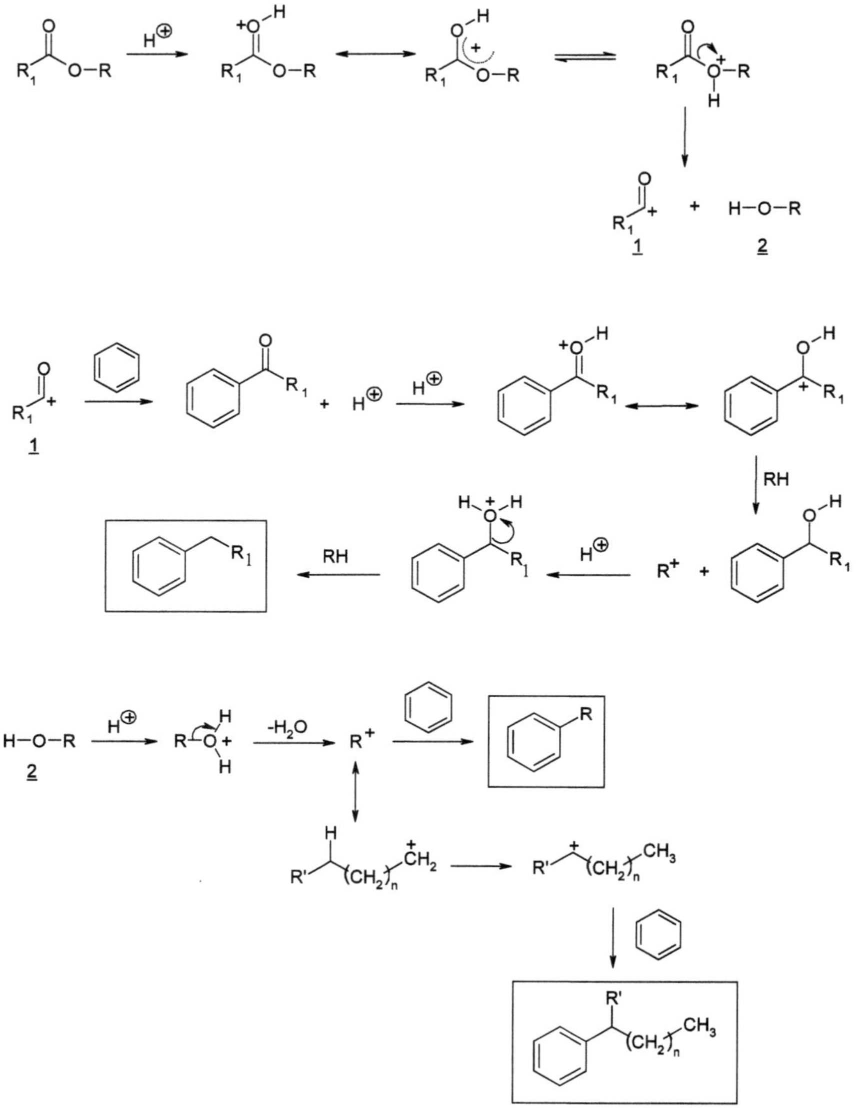

Figure II-10 : Mécanisme réactionnel des esters dans les conditions de transalkylation.

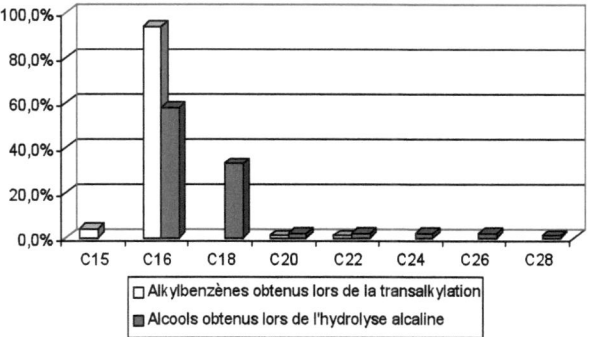

Figure II-11 : Distribution des alkylbenzènes obtenus par la transalkylation et des alcools identifiés lors de l'hydrolyse alcaline de l'humine 30-50 du Marais Poitevin.

De plus, on peut noter que si les alkylbenzènes obtenus par transalkylation provenaient, au moins pour partie de la réaction des esters, la fonction acide devrait conduire à des phénones (non identifiées) ou à des alkylbenzènes. La distribution des alkylbenzènes ne traduit pas l'existence d'une telle réaction, les acides libérés par hydrolyse ayant été identifiés dans la gamme C_{14}-C_{36} avec un mode long C_{20}-C_{36} important (Grasset, 1997).

L'obtention de chaînes acides liées en positions ω à (ω-n) aux éléments aromatiques de la matrice humique dans tous les échantillons est aussi un résultat original relativement aux kérogènes :

Oxydation permanganique

L'oxydation par le permanganate de potassium en milieu alcalin est une méthode de dégradation couramment utilisée pour l'étude structurale des macromolécules (Schnitzer & Wright, 1960; Schnitzer, 1974; Schnitzer & Neyroud, 1975; Amblès et al., 1981; Schuda et al., 1983; Vitorovic et al., 1994, 1996; Schwoerer, 1998). Cependant, les sous-unités libérées sont partiellement dégradées et ne fournissent pas de renseignements précis sur la nature des groupements avant dégradation.

Par analogie avec l'hydrolyse alcaline réalisée en présence de catalyseur par transfert de phase (Grasset & Amblès, 1998b), nous avons réalisé l'oxydation permanganique catalysée par l'éther couronne 18-C-6. L'utilisation d'un tel catalyseur rend l'anion plus réactif et permet de se placer en conditions plus douces donc plus sélectives :

Ether couronne 18-C-6 + $KMnO_4$ ⟶ [complexe K^+/18-C-6] + MnO_4^-

Anion activé

L'oxydation permanganique catalysée par transfert de phase, a été appliquée aux échantillons du Marais Poitevin. Les substances humiques sont additionnées à un complexe $KMnO_4$/18-C-6 en milieu alcalin. Les produits neutres et basiques (NB) sont directement extraits de la solution. Les acides précipités (AP) sont obtenus par acidification de la phase aqueuse. Les acides solubles (AS) sont extraits du filtrat puis méthylés. Les NB et les AS sont fractionnés sur colonne de silice avant analyse (figure II-12).

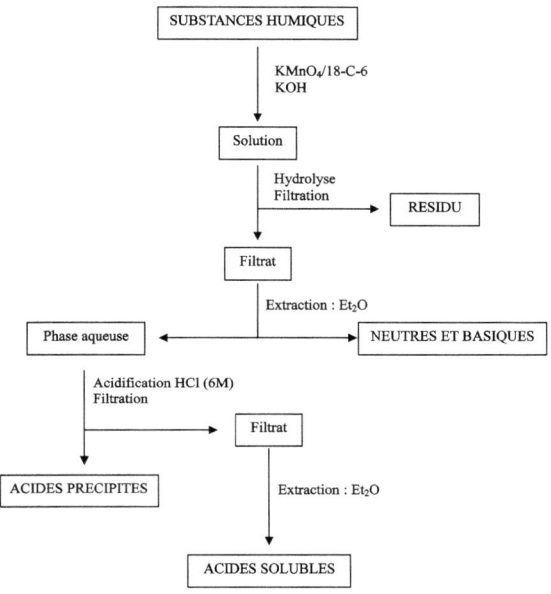

Figure II-12 : Protocole d'extraction des produits obtenus par oxydation permanganique catalysée par transfert de phase.

Des essais ont été réalisés dans deux solvants différents : l'eau puis le méthanol. Le complexe $KMnO_4$/18-C-6 en solution méthanolique semble plus performant car la perte de masse est moins importante et les NB et AS sont plus abondants. Une deuxième étape réalisée sur l'humine 30-50 s'est révélée inutile, aucun produit d'oxydation n'ayant été détecté.

Nous avons donc réalisé l'oxydation permanganique sur les 4 échantillons du Marais Poitevin, en une seule étape avec le complexe $KMnO_4$/18-C-6 en solution méthanolique. Les abondances relatives des fractions analysables sont 1% de NB dans chaque échantillon, 5 et 7% d'AS pour les acides humiques et 2 et 3% pour les humines. Les quantités des principaux composés identifiés sont reportées dans les tableaux II-9.

Tableau II-9 : Quantités des composés identifiés dans les substances humiques du Marais Poitevin (mg.kg^{-1} de concentrés d'humine et d'acides humiques).

	AH 30-50	AH 70-90	HU 30-50	HU 70-90
hydrocarbures	traces	300	traces	3488
alcools	-	249	1000	814
acides gras	1515	438	2247	1723
α,ω-diacides	252	146	1273	494
composés aromatiques	10605	3978	6740	16084
composés polaires	7800	5700	8383	7907

Ces résultats indiquent une contribution aliphatique importante dans les NB et AS. Les composés aromatiques obtenus (ci-dessous) peuvent avoir des origines diverses (oxydation de liaison insaturée, monosubstituant du réseau macromoléculaire,..).

Les résultats de cette réaction sont assez peu satisfaisants dans la mesure où la quantité de produits analysables est faible, la fraction majoritaire étant constituée d'acides lourds (AP). Certains éléments semblent indiquer que les conditions opératoires sont trop douces, comme la présence de doubles liaisons non oxydées (composés 4 et 5 ci-dessus). Il serait sans doute souhaitable de tenter d'oxyder les AP dans les mêmes conditions ou de les dégrader avec d'autres réactions.

Thioacidolyse

La thioacidolyse est une méthode sélective de dégradation, elle a été mise au point pour l'identification structurale de lignines (Lapierre *et al.*, 1985). Cette technique permet la coupure sélective des ponts alkyl-benzyl-éthers principal mode de liaison entre les unités monomères :

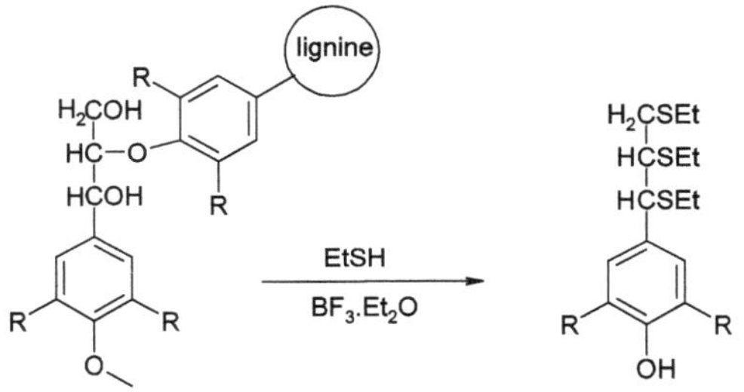

Les lignines étant considérées comme le constituant principal des substances humiques (Flaig *et al.*, 1975; Ertel & Hedges, 1984), la thioacidolyse a été utilisée pour l'analyse des acides humiques (Schwoerer, 1998).

La thioacidolyse a été appliquée aux acides humiques et à l'humine du Marais Poitevin. Le mélange substances humiques, éthanethiol, trifluorure de bore dans le dioxane est chauffé 8 h à 100°C sous atmosphère inerte, puis agité 16 h à température ambiante. Les résultats de cet essai préliminaire sont quelque peu décevants. Les rendements en produits solubles sont faibles (5 à 9 %) et la présence de liaisons β-aryléther n'a été démontrée que dans les humines avec les composés suivants :

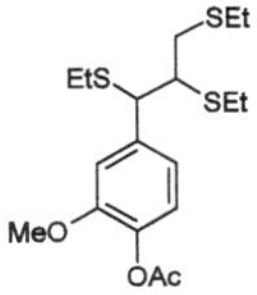

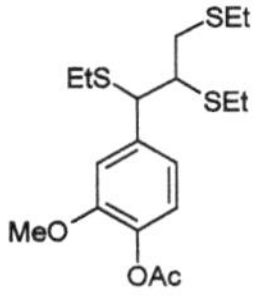

Il serait souhaitable de vérifier dans l'avenir, si les faibles rendements obtenus sont structurels ou s'ils peuvent être améliorés avec des conditions opératoires optimisées.

Coupure sélective des liaisons éther

Le tribromure de bore est un réactif fréquemment utilisé pour la coupure des liaisons éther à basse température (Chappe *et al.*, 1981). La réaction libère des bromures d'alkyle et des alcools. Les bromures sont ensuite dérivés en propionates, caractérisés en spectrométrie de masse par l'ion m/z 75 :

$$R-O-R' + BBr_3 \longrightarrow \begin{matrix} R-Br \\ + \\ R'-OH \end{matrix} \text{ ou } \begin{matrix} R'-Br \\ + \\ R-OH \end{matrix}$$

$$R-Br + C_2H_5-C(=O)-OCs \longrightarrow C_2H_5-C(=O)-O-R + (Cs^+, Br^-)$$

Les substances humiques du Marais Poitevin ont été traités par le tribromure de bore dans le tétrachlorure de carbone sous atmosphère inerte, à température ambiante pendant 72 h. Les propionates d'alkyles témoins de l'existence de composés aliphatiques éthérifiés à la matrice n'ont été observés que dans le cas des humines. Leur distribution est présentée sur la figure II-13 dans le cas de l'humine 30-50.

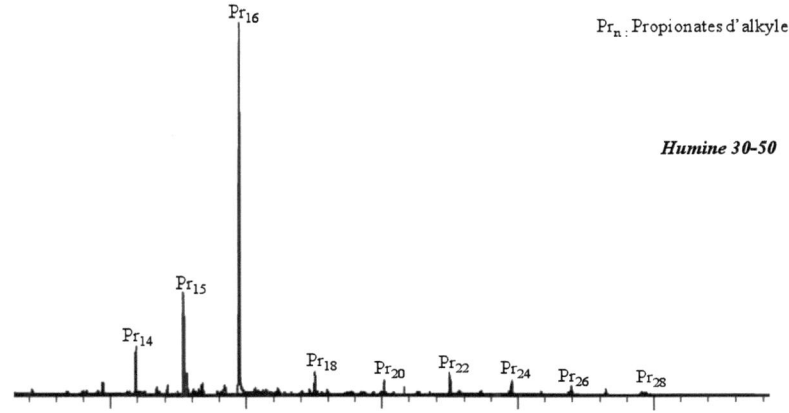

Figure II-13 : Distributions des propionates d'alkyle (suivi de masse m/z = 75) dans l'humine du Marais Poitevin.

Les rendements de cette réaction sont décevants (2 à 4 %). Cela peut être la conséquence d'une faible participation des liaisons éther dans la structure des substances humiques mais il faudrait vérifier dans l'avenir la pertinence de l'étape de dérivation en propionates.

Dégradations enzymatiques
Cellulase

Les travaux déjà menés au laboratoire (Grasset et Amblès, 1998c) ont montré que la cellulose est un constituant important de la structure des substances humiques. La cellulase *Trichoderma reesei* dégrade les liaisons cellulosiques, libérant ainsi les composants organiques piégés par celles-ci. Le protocole est le suivant : l'échantillon est placée en présence de cellulase dans une solution tampon de citrate de sodium (pH 5). La solution est agitée durant 3 jours à 37°C, centrifugée puis extraite à l'éther. Les acides obtenus sont méthylés par le triméthylsilyl-diazométhane (TMS-CHN$_2$). La cellulase appliquée aux humines du Marais Poitevin libère des composés aliphatiques (hydrocarbures, acides gras) qui étaient donc piégés dans la partie cellulosique du réseau macromoléculaire. Leur distribution est présentée sur la figure II-14.

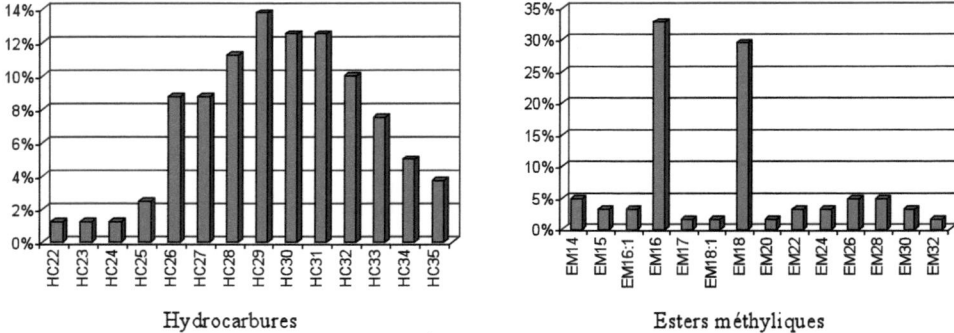

Figure II-14 : Distribution des hydrocarbures et des esters méthyliques obtenus par action de la cellulase sur l'humine 30-50.

La distribution des acides est identique à celle obtenue par thermochimiolyse tandis que ceux obtenus par hydrolyse alcaline (Grasset, 1997) présentaient un mode long plus abondant. La comparaison des résultats obtenus par ces différentes méthodes permet de différencier les acides liés par fonction ester de ceux piégés dans le réseau humique.

Estérase

La thermochimiolyse et l'hydrolyse alcaline ont montré l'importance des liaisons ester dans la structure du réseau humique. L'estérase extraite du foie de porc (porcine liver esterase-PLE) a pour propriété d'hydrolyser les liaisons ester en acide et alcool. Cette enzyme a été appliquée aux humines du Marais Poitevin selon le protocole suivant : 10 unités de PLE (Aldrich) par mg de matière organique à traiter sont mises en solution dans 30 cm^3 de solution tampon pH 7,2 (phosphates 10^{-2} mol/l). 200 mg d'échantillon sont mis en suspension dans cette solution. Le mélange est agité 72 heures sous atmosphère inerte. La solution est ensuite centrifugée puis extraite au chloroforme. Les acides libérés sont méthylés par le triméthylsilyl-diazométhane (TMS-CHN$_2$). Dans le cas de l'humine 30-50 cm, les acides gras obtenus sous forme d'esters méthyliques étaient estérifiés au réseau macromoléculaire et présentent la même distribution que ceux libérés par thermochimiolyse. Leur distribution est présentée sur la figure II-15.

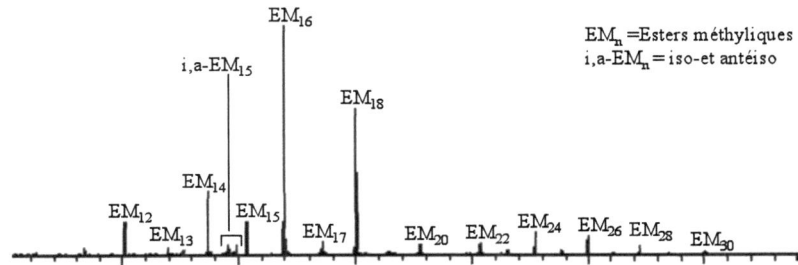

Figure II-15 : Distribution des esters méthyliques (suivi de masse m/z = 74) obtenus par action de l'estérase sur l'humine 30-50.

Les rendements de dégradation enzymatique sont dans tous les cas très faibles (<1 %). Les conditions opératoires peuvent certainement être optimisées. Ces dégradations sont cependant prometteuses puisque leur association avec la thermochimiolyse permet de distinguer les composés liés par fonction ester de ceux retenus par liaisons de faible énergie.

2.4 – Conclusion

Les acides humiques et l'humine de trois tourbes acides, d'une tourbe calcique et d'un sol calcique ont été caractérisés par spectroscopie puis par thermochimiolyse analytique et préparative en présence de divers agents alkylants. Ces analyses ont ensuite été complétées par des réactions de dégradation chimiques ou enzymatiques plus sélectives. Des structures aliphatiques substituant la matrice ou liées en pont dans le réseau macromoléculaire ainsi que de nombreux motifs ligneux sont mis en évidence. L'importance des liaisons de faible énergie est soulignée.

3. Utilisation de tourbes en traitement de dépollution

Les eaux de ruissellement de carrières présentent parfois une forte acidité (3<pH<5) et des concentrations élevées en métaux lourds. Ces problèmes, bien connus dans le domaine minier, sont principalement causés par l'oxydation de minéraux sulfurés en sulfates solubles, entraînés par les eaux de ruissellement. Ces eaux acides (acid mine drainage, AMD) présentent un danger pour l'environnement et doivent être traitées avant rejet.

Dans le cadre d'une convention avec le Comité National de la Charte Professionnelle des Producteurs de Granulats (ENCEM) en partenariat avec ses comités régionaux (Bretagne, Basse Normandie, Pays de la Loire et Poitou-Charentes), le Conseil Régional de Bretagne et la Communauté Européenne, nous nous sommes intéressés aux eaux d'exhaure d'une carrière située à Gandouin dans le Morbihan (56). Leurs caractéristiques chimiques sont données dans le tableau II-10.

Tableau II-10 : Caractéristiques chimiques de l'eau du site de Gandouin (1997).

pH	Conductivité ($\mu S.cm^{-1}$)	Al ($mg.l^{-1}$)	Fe ($mg.l^{-1}$)	Mn ($mg.l^{-1}$)	Zn ($mg.l^{-1}$)	Cu ($mg.l^{-1}$)	Ni ($mg.l^{-1}$)	SO_4^{2-} ($mg.l^{-1}$)
2,9	1113	47,5	12,5	2,9	1,8	1,7	0,7	559

La dépollution des eaux d'exhaure par le procédé dit des "Terre Humides" (Wetlands) représente une alternative intéressante aux traitements chimiques. Pour la plupart des essais rapportés dans la littérature, on constate un manque de pérennité, vraisemblablement dû à la dégradation de la matière organique. Dans le but de comprendre les mécanismes de dépollution et de mettre au point un système de traitement efficace et pérenne, nous avons évalué l'impact du traitement des eaux sur la matière organique de la tourbe utilisée. Différents modèles ont été mis en place (colonne, maquette et pilote de terrain) en collaboration avec le laboratoire Hydr'ASA (Hydrogéologie, Argile, Sols,

Altération, UMR 6532) et le laboratoire de Chimie de l'Eau et de l'Environnement (UMR 6008).

La tourbe utilisée pour le traitement a été prélevée entre 0 et 250 cm, dans le Marais de Mazerolles à Nort sur Erdre (44). Il s'agit d'un sédiment légèrement acide (pH 5,1), riche en matière organique (67 %) et âgé de 1000 ans à 250 cm.

3-1. Essai sur colonne

Une colonne de tourbe a été mise en place. Une couche de gravier silico-calcaire permet de tamponner le pH d'entrée. Après 300 jours de fonctionnement avec un débit en AMD d'environ 50 mL.h^{-1}, la tourbe de la colonne (figure II-16) a été fractionnée en deux échantillons :
- la surface (0-20 cm) encore aérobie,
- le fond (20-40 cm), où les conditions semblent anaérobies.

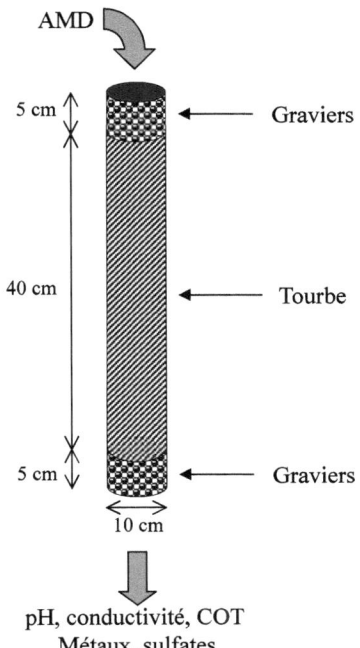

Figure II-16 : Description de la colonne modèle (Laboratoire Hydr'ASA).

Tableau II-11: Analyse élémentaire de la tourbe de la colonne après 300 jours de fonctionnement

Échantillon	% MO[1]	H/C$_{atomique}$
Colonne $_{0-20}$	78	1,49
Colonne $_{20-40}$	76	1,54

([1] : perte au feu à 800°C)

Les analyses chimiques globales sont présentées dans le tableau II-11. La répartition des différentes formes de matière organique de la tourbe de la colonne, après 300 jours de fonctionnement est présentée sur la figure II-17. Les proportions sont différentes de celles observées pour la tourbe initiale.

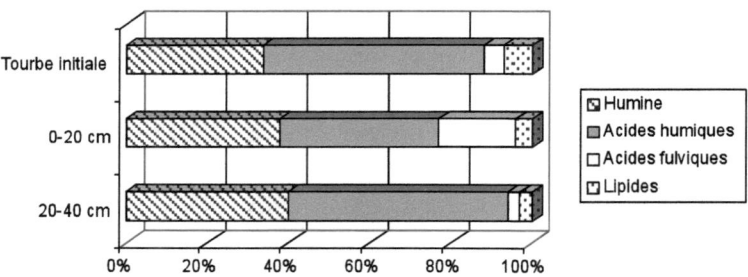

Figure II-17 : Proportions des différentes fractions organiques (Pourcentages massiques de la MO totale).

L'humine, totalement insoluble est stable car peu mobilisable. Au contraire les fractions plus solubles subissent des variations au cours du traitement. Le rapport acides humiques / acides fulviques est plus faible dans la partie supérieure de la colonne, indiquant une fragilisation de la matière organique. Les lipides, probablement mobilisés par le flux d'eau acide voient leur quantité diminuer légèrement par rapport à la tourbe initiale.

Les acides humiques et l'humine, ont été étudiés au moyen d'analyses globales (tableau II-12) puis ont été caractérisés par pyrolyse analytique en présence de TMAH.

Tableau II-12 : Analyse élémentaire des substances humiques de la colonne.

		% MO	$H/C_{atomique}$	$C/N_{massique}$
0-20 cm	Humine	65	1,50	19,50
	AH	88	1,20	16,84
20-40 cm	Humine	60	1,59	17,08
	AH	90	1,29	15,18

Thermochimiolyse analytique (TMAH)

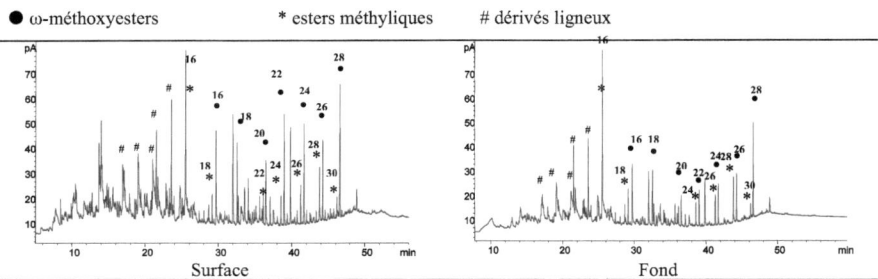

Figure II-18 : Pyrogrammes de l'humine de la colonne.

Des modifications structurales, probablement liées à des réactions d'oxydation et à l'activité bactérienne, ont été mises en évidence : les esters méthyliques observés dans le cas des humines (figure II-18) suivent des distributions sensiblement différentes de celle de l'humine initiale. De plus, la présence d'ω-méthoxyesters méthyliques en quantité importante montre que la matière organique a connu des phases oxydantes. La pyrolyse des acides humiques libère des hydrocarbures linéaires, manifestement d'origine bactérienne. Leur présence, plus forte en profondeur, montre l'influence de l'activité bactérienne sur la matière organique.

3-2. Maquette

Une maquette a été mise au point au Laboratoire HYDRASA, dans le but de se placer dans les conditions d'écoulement de l'installation finale. Le débit en AMD a été progressivement amené à 500 mL.h^{-1}.

Après 430 jours de fonctionnement, le taux de matière organique dans la maquette (figure II-19) est le même que celui de la tourbe initiale (tableau II-13) mais une forte modification des proportions des différentes formes de matière organique est constatée (figure II-20).

Les substances humiques ont été caractérisées globalement (tableau II-14) puis étudiées par thermochimiolyse.

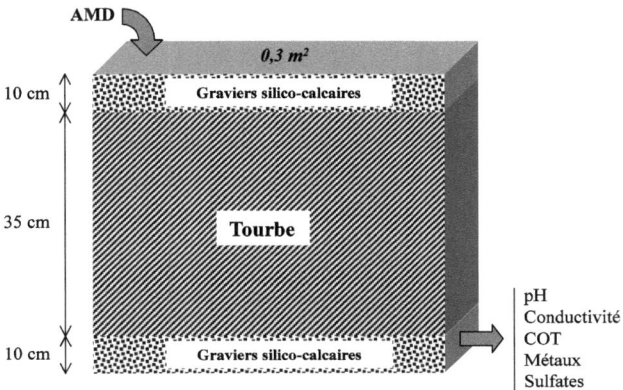

Figure II-19 : Description schématique de la maquette (Laboratoire Hydr'ASA).

Tableau II-13 : Analyse élémentaire de la tourbe de la maquette.

% MO[1]	% C	% H	% N	% S	H/C atomique
67 %	31,0	4,5	1,4	1,3	1,7

(1 : perte au feu à 800°C)

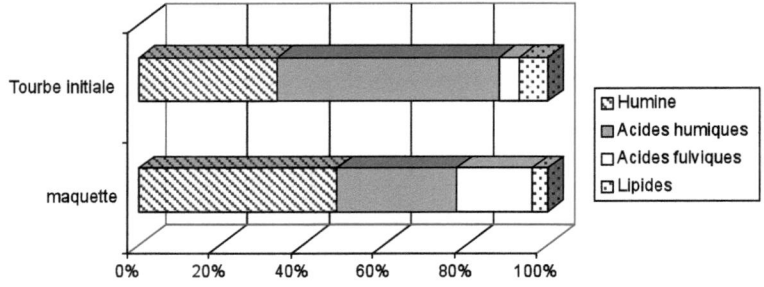

Figure II-20 : Proportions des différentes fractions organiques
(Pourcentages massiques de la MO totale).

Tableau II-14 : Analyse élémentaire des substances humiques de la maquette.

	% MO^1	H/C$_{atomique}$	C/N$_{massique}$
Humine	60,4 %	1,54	16,5
AH	84,5 %	1,17	16,7

(1 : Perte au feu à 800°C)

Thermochimiolyse analytique (TMAH)

Les principaux produits obtenus par pyrolyse (figure II-21) sont des composés aromatiques (dérivés de la lignine), des esters méthyliques et des ω-méthoxyesters méthyliques. Les esters méthyliques obtenus dans le cas des humines suivent une distribution sensiblement identique à celle de l'humine initiale. Par contre, les acides humiques conduisaient à des esters majoritairement courts (<C_{20}). Cet accroissement du mode long indique une plus forte décomposition des micro-résidus végétaux présents. Dans les deux pyrolysats, les ω-méthoxyesters méthyliques ont la même distribution. Ils sont plus abondants que dans les pyrolysats des substances humiques initiales. Les composés aromatiques obtenus sont les mêmes pour les acides humiques et l'humine. Ils sont identiques à ceux observés pour les substances humiques initiales.

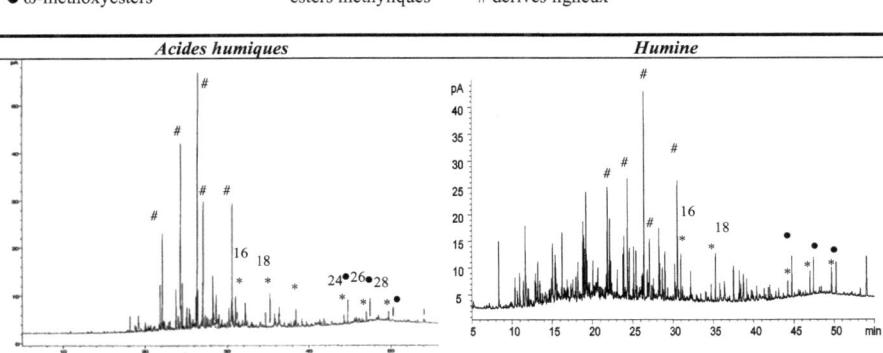

Figure II-21 : Chromatogrammes des pyrolysats des substances humiques de la maquette.

3-3. installation pilote sur site

L'étude de la matière organique de ces différents modèles a mis en évidence l'influence du traitement sur la structure de la matière organique et permis la mise en place d'un pilote de terrain (figure II-22). Celui-ci a été dimensionné pour un débit de 10 $m^3.j^{-1}$. Il est constitué de 3 bassins. Le premier, alimenté en AMD permet de réguler le débit. Le bassin de traitement est constitué de 100 m3 de tourbe disposée entre 2 drains calcaires. le bassin de contrôle permet de déterminer si la qualité des eaux est suffisante (pH >6) pour être rejetées vers le milieu naturel. Si ce n'est pas le cas, elles sont redirigées vers le bassin tampon.

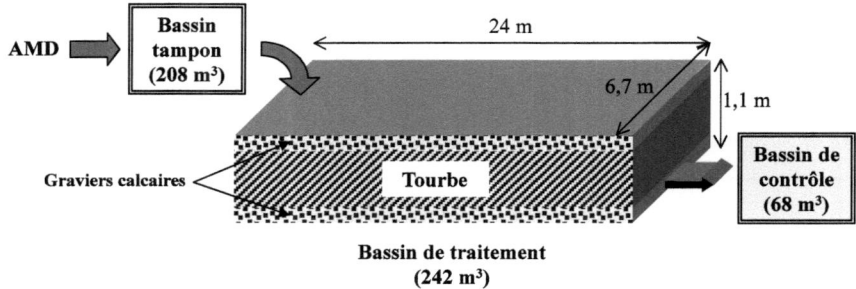

Figure II-22 : Description schématique du pilote de Gandouin.

La tourbe du pilote a fait l'objet d'un premier prélèvement à 4 mois puis après 10 mois de fonctionnement. Les caractéristiques globales ainsi que la répartition des différentes formes de matière organique sont reportées respectivement dans le tableau II-15 et sur la figure II-23. Deux profondeurs (0-50 cm et 50-100 cm) ont été distinguées mais se révèlent sensiblement homogènes. Les échantillons prélevés après 10 mois de fonctionnement sont plus hétérogènes : le niveau supérieur est plus riche en matière organique et plus aromatique que le niveau plus profond, ceci étant probablement une conséquence de la sédimentation.

Tableau II-15 : Analyse élémentaire de la tourbe du pilote de terrain.

Échantillon	Profondeur	% MO[1]	H/C $_{atomique}$
4 mois	0-50 cm	74,7 %	1,7
	50-100 cm	70,6 %	1,8
6 mois	0-50 cm	77,0 %	1,6
	50-75 cm	61,6 %	1,7
	75-100 cm	66,2 %	1,9

(^{1} : perte au feu à 800°C)

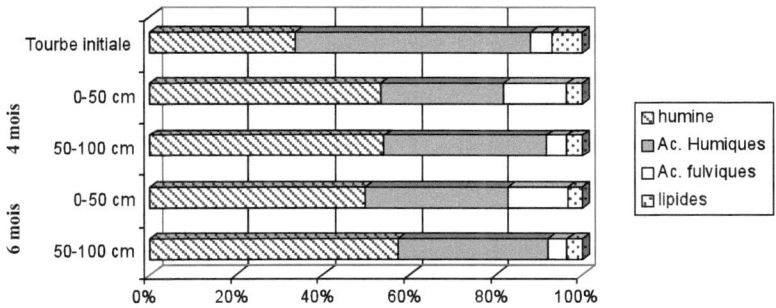

Figure II-23 : Répartition des différentes formes de matière organique du pilote (pourcentages massiques de la MO totale).

Thermochimiolyse (TMAH)

La tourbe brute et les substances humiques du pilote ont été caractérisés par thermochimiolyse (figure II-24). Les principaux produits obtenus sont des composés aromatiques, des esters méthyliques d'acides gras et des ω-méthoxyesters méthyliques. La thermochimiolyse ne montre pas d'évolution pendant les 10 premiers mois du traitement. De nombreuses raisons peuvent expliquer cette inertie apparente, en comparaison des modèles de laboratoire, notamment la température extérieure.

La quantité relative d'acides gras libérés par thermochimiolyse des acides humiques de la tourbe du pilote (figure II-25) est nettement plus faible que celle obtenue à partir de la tourbe initiale. Par contre on ne note pas d'évolution notable entre les pyrolysats obtenus après 4 et 10 mois de traitement, ce qui semble indiquer une phase de stabilisation.

L'installation pilote procure un traitement efficace des eaux, sans modification notable de la matière organique pendant les 10 premiers mois.

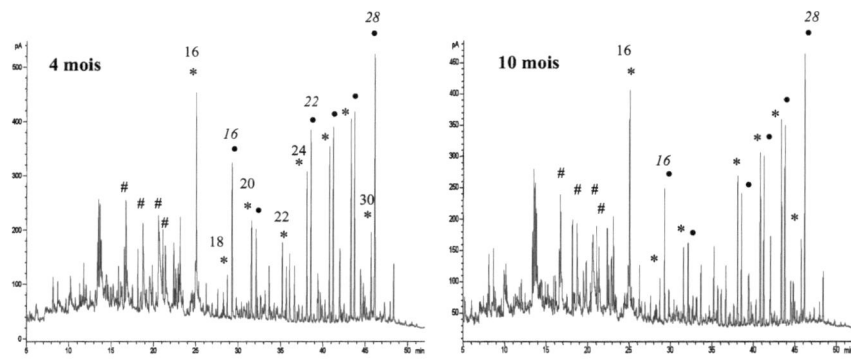

Figure II-24 : Pyrogrammes de la tourbe du pilote.

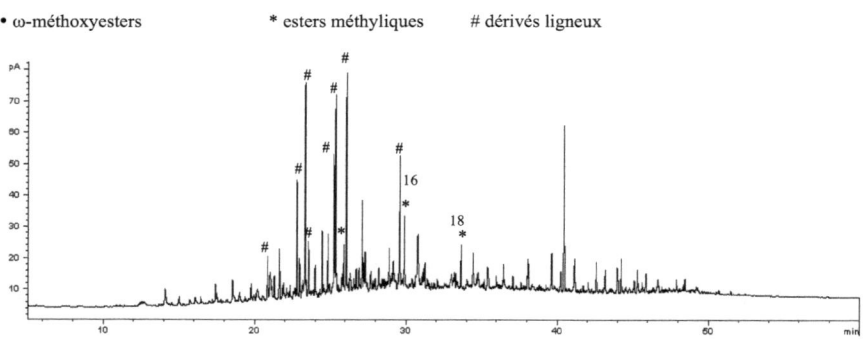

Figure II-25 : Pyrogramme des acides humiques du pilote, surface t=10 mois.

3-4. Conclusion

La modélisation en laboratoire sur colonne puis maquette nous a permis d'observer l'évolution de la répartition et de la structure de la matière organique de la tourbe utilisée pour le traitement.

Le suivi de l'installation pilote sur site révèle une évolution similaire et semble indiquer une phase de stabilisation.

Les essais en laboratoire permettent donc de prévoir l'évolution de la matière organique en unité de traitement à plus ou moins long terme : on peut s'attendre à une fragilisation de la matière organique probablement accompagnée d'une fuite de carbone.

Cette perte de matière organique sera facilement compensée par un apport de carbone organique-déchet ou de matière organique fraîche issue par exemple de la végétation que l'on a pu voir se développer naturellement sur le pilote.

Ce système constitue une alternative économique et écologique aux traitements chimiques. Il importe néanmoins de surveiller régulièrement la matière organique afin d'éviter toute dégradation de ses propriétés.

PARTIE III

ETUDE DE LA MATIERE ORGANIQUE
DES
SEDIMENTS ANCIENS

1. **Etude de la matière organique d'un lignite**

La production mondiale de lignite représente actuellement 940 millions de tonnes par an. L'Allemagne est le plus gros producteur avec 190 millions de tonnes et le plus gros consommateur. Cependant son utilisation en tant que source énergétique pose un problème environnemental, lié à l'émission de gaz carbonique (Rheinbraun AG 1997). Il est donc urgent de trouver de nouvelles voies de valorisation. La dépolymérisation par voie biologique semble intéressante, les unités libérées pouvant être utilisées comme matières premières secondaires (Fakoussa et Hofrichter, 1999).

Le sédiment étudié au cours de ce travail est un lignite de type" lithotype A" extrait d'une mine à ciel ouvert située à Bergheim près de Cologne en Allemagne, par la société Rheinbraun.

Le taux de matière organique déterminé par combustion à 800°C est très élevé (96% du sédiment sec). L'analyse élémentaire (tableau III-1) fait apparaître un rapport atomique H/C atomique relativement faible, caractéristique d'une matière organique plutôt aromatique.

Tableau III-1: Analyse élémentaire du lignite

C%	H%	N%	O%*	S%	H/C $_{atomique}$
36,93	2,97	0,36	55,94	-	0,96

*Obtenu par différence

Le spectre infra rouge du lignite indique la présence de groupements hydroxyles (3400 cm^{-1}) et carbonyles (1720 cm^{-1}) ainsi que de liaisons C-H aliphatiques (2920 et 2850 cm^{-1}) et C=C oléfiniques (1630 cm^{-1}).

Les différentes formes de matière organique ont été séparées, leur répartition présentée sur la figure III-1 montre que l'humine et les acides fulviques sont les deux fractions les plus abondantes.

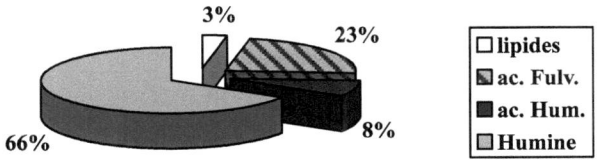

Figure III-1 : répartition des différentes formes de matière organique du lignite

1-1. Analyse des lipides

Les résultats quantitatifs du fractionnement des lipides sont présentés dans le tableau III-2.

Tableau III-2 : Résultats quantitatifs du fractionnement des lipides
(mg/kg de sédiment sec)

composés	Quantité (ppm)
Hydrocarbures linéaires	674
Hydroc. polycycliques aromatiques	2211
Hydroc. polycycliques aliphatiques	211
Aldéhydes, cétones	153
Alcools (acétylés)	128
Acides gras (méthylés)	1698
LMN	632
LMA	3761
polaires	9132

Les chromatogrammes montrant la distribution des principales familles de composés sont présentés sur la figure III-2. L'analyse de ces différentes fractions lipidiques traduit une origine végétale. Les composés majoritaires sont des hydrocarbures polyaromatiques et des esters méthyliques. Des hydrocarbures linéaires sont présents ainsi que des triterpanes diagénétiques (méthylstéranes et $\alpha\beta$ et $\beta\alpha$–hopanes) caractéristiques d'un sédiment évolué. La présence d'alcools et d'aldéhydes peut témoigner de phénomènes d'oxydation.

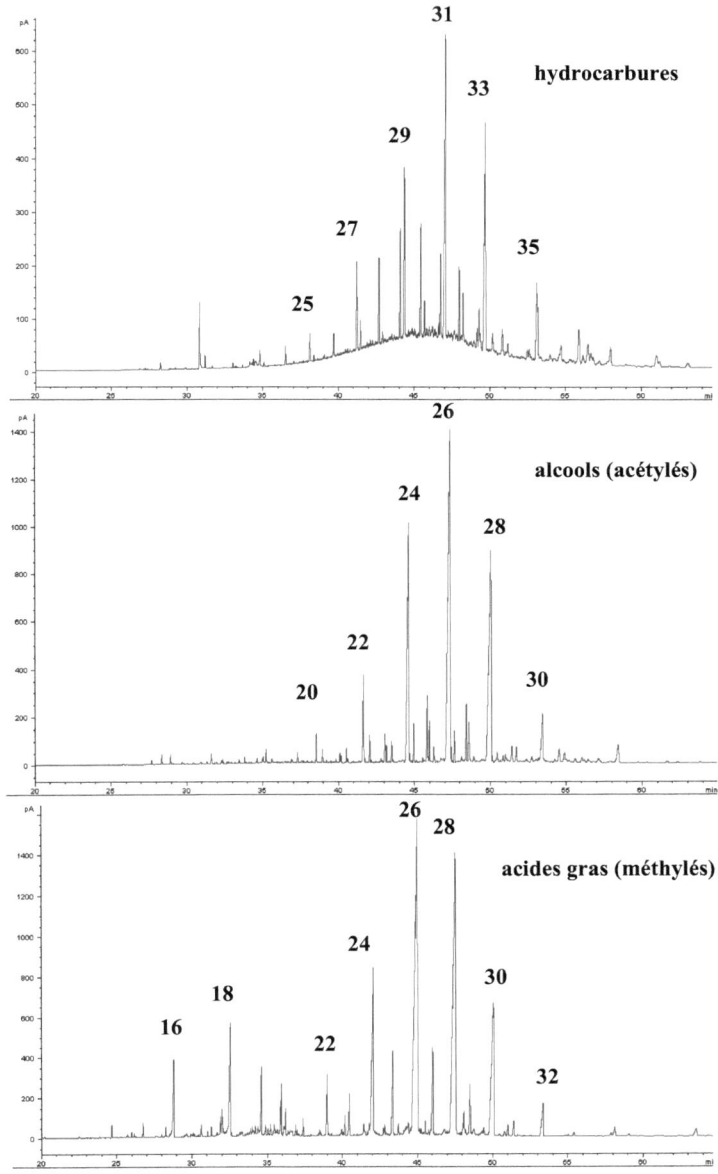

Figure III-2 : Chromatogrammes des principales fractions lipidiques

1-2. Analyse des substances humiques

L'analyse élémentaire des substances humiques (tableau III-3) montre une humine légèrement plus aliphatique que les acides humiques.

Tableau III-3 : analyse élémentaire des substances humique du lignite

Fraction	C	H	O*	N	S	résidu	$H/C_{atom.}$
Humine	43,72	4,01	40,56	0,60	1,52	22,122	1,10
AH	51,93	3,62	43,55	0,74	0,16	2,5247	0,83

* obtenu par différence

Les substances humiques ont été caractérisées par analyse thermique différentielle (ATD), analyse thermogravimétrique (ATG). Les courbes obtenues pour le lignite, les acides humiques et l'humine avec une montée en température de 5°C/min sous azote suivent des évolutions parallèles (figures III-3 et III-4). Le 1er endotherme vers 80°C correspond à une déshydratation. La perte de masse la plus importante, correspondant au 2eme endotherme vers 500°C, est liée à la volatilisation d'hydrocarbures.

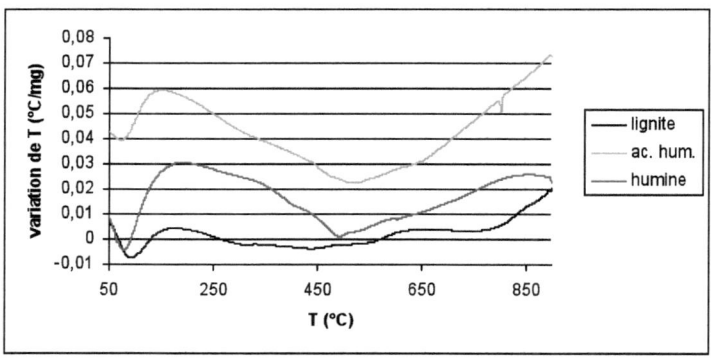

Figure III-3 : Analyse Thermique Différentielle

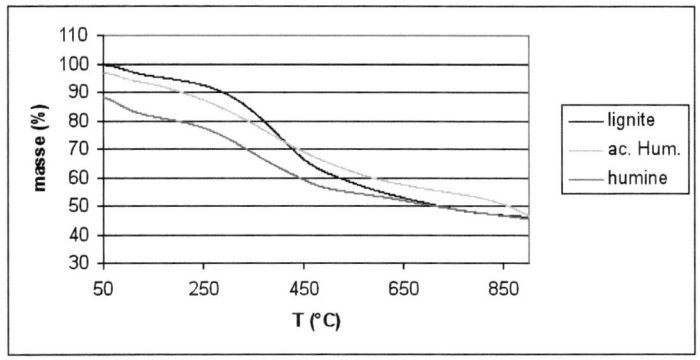

Figure III-4 : Analyse thermogravimétrique

Les acides humiques et l'humine ont été caractérisés par thermochimiolyse en présence de TMAH. Les pyrogrammes (figures III-5 et III-6) font apparaître dans les deux cas une forte proportion de composés aromatiques, dérivés de la lignine (figure III-7) accompagnés d'une quantité beaucoup plus faible d'esters méthyliques qui témoignent de la présence de chaînes aliphatiques liées à la matrice par liaison ester. Dans le cas des acides humiques, on observe des hydrocarbures linéaires, probablement piégés dans le réseau macromoléculaire et libérés par le traitement thermique.

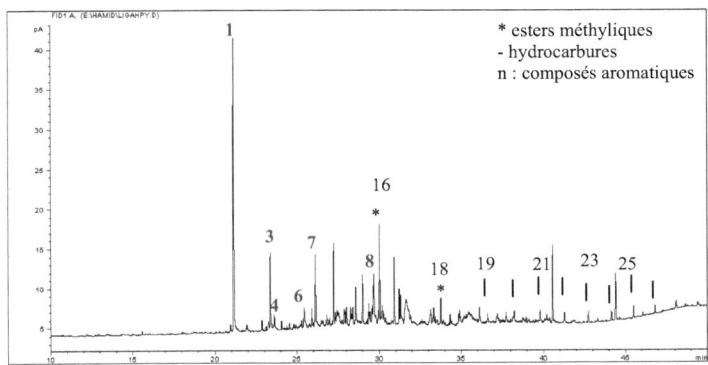

Figure III-5 : Pyrogramme obtenu après thermochimiolyse (TMAH) des acides humiques

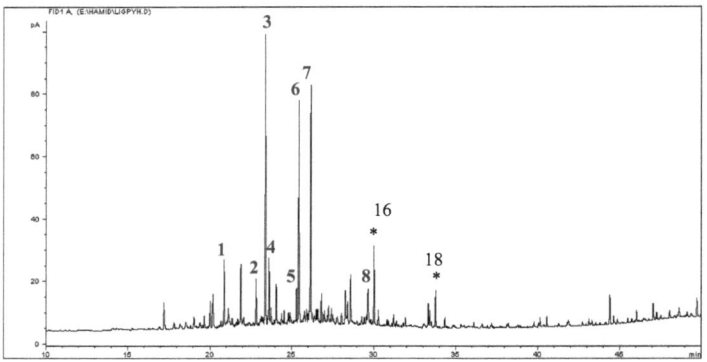

Figure III-6 : Pyrogramme obtenu après thermochimiolyse (TMAH) de l'humine

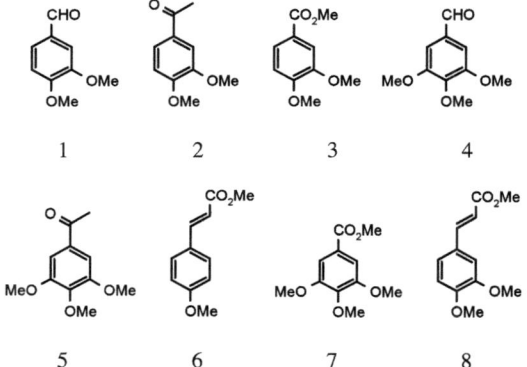

Figure III-7 : principaux motifs ligneux obtenus par thermochimiolyse

1-3. Conclusion

Les différentes formes de matière organique présentes dans le lignite ont été étudiées. Les lipides, majoritairement constitués de composés polaires ont une origine végétale. Des biomarqueurs caractéristiques d'un sédiment évolué sont identifiés. La présence de molécules oxygénées indique que des phénomènes d'oxydation ont pu exister au cours du dépôt.

En ce qui concerne les substances humiques, les analyses thermogravimétrique et thermique différentielle ont donné peu d'information. La thermochimiolyse, au contraire s'est montré bien adaptée à ce matériau en permettant une caractérisation plus fine de leur structure moléculaire. Une forte contribution ligneuse a pu être observée ainsi que la présence de chaînes aliphatiques liées à la matrice par liaison ester. Dans le cas des acides humiques, des hydrocarbures probablement piégés dans le réseau ont été détectés.

2. Etude de la matière organique des sédiments anciens

La matière organique présente dans les sédiments existe essentiellement sous forme de kérogène (95%), ou matière organique totalement insoluble dans les solvants organiques. Dès son dépôt, elle va subir des transformations, d'abord biochimiques (pré-diagenèse) puis liées à l'enfouissement, essentiellement l'augmentation de la température et de la pression (diagenèse, métagenèse...) avec un effet catalytique possible des minéraux. A terme, le kérogène devenu mature conduit par craquage au pétrole et/ou au gaz (figure III-8). La fraction minoritaire ou bitumes, soluble dans les solvants organiques, est constituée de molécules ayant subi peu de transformations. Parmi ces molécules, certaines structures biochimiques ne sont produites que par des organismes spécifiques et/ou dans des environnements particuliers. La recherche de ces biomarqueurs peut être utilisée pour vérifier ces évènements.

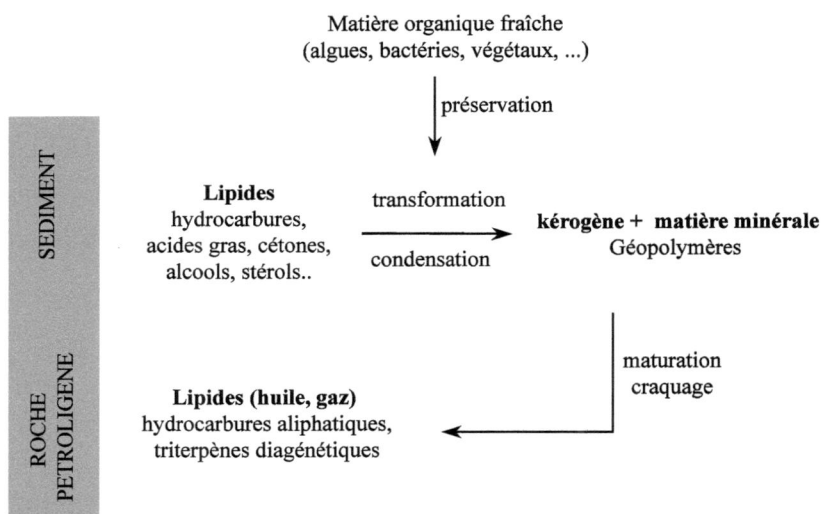

Figure III-8 : Formation et évolution de la matière organique sédimentaire.

L'étude des différentes formes de matière organique présentes dans les schistes bitumineux a été entreprise. Les échantillons que nous avons choisis sont originaires du Maroc, et proviennent de deux bassins sédimentaires qui comptent parmi les plus importants : Tarfaya et Timahdit (Crétacé).

Le gisement de Tarfaya s'étale sur une superficie de 1900 km^2 dans les provinces sahariennes, sur la côte Atlantique, face aux îles Canaries. Ce gisement est constitué de marnes à matière organique du Crétacé Moyen et Supérieur. Une grande partie de la série du Crétacé est constituée par des schistes bitumineux, avec des teneurs variables en matière organique. Les rendements en huile peuvent atteindre 100 L/t (Leine, 1984). Nous nous sommes intéressés aux couches R1 et R3.

Le gisement de Timahdit est situé dans les montagnes du Moyen Atlas et s'étale sur une superficie de 1 000 km^2. Il est constitué par une veine de schiste de 100 à 150 m d'épaisseur (Rahali, 1970) à teneur variable en matière organique (15-20% de CO par couche) dans un environnement de basalte, de calcaire et de marne (Benalioulhaj, 1989). Ce gisement peut fournir 90L/t d'hydrocarbures (Broquet, 1988 ; Zemmouri et Broquet, 1977). Sa matière organique est d'origine lacustre ou marine. La répartition des différentes couches (Alpern, 1981 ; Bikri, 1984) est présentée dans le tableau III-4. Nous nous sommes intéressés au kérogène de la couche Y.

Tableau III-4 : Répartition des couches des gisements de Tarfaya et Timahdit

	Couches	Epaisseurs (m)	Teneur moyenne en Huile (L/t)	Matière organique (%)
Tarfaya	R0	11,6	66,4	-
	R1	7,3	74,0	19,6
	R2	3,8	60,0	-
	R3	3,8	74,0	16,7
	R4	2,5	66,4	-
Timahdit	T	25	62	-
		18	85	18
		2	96	20,4
	Y	8	116	21,6
	X	14	101	18,5
	M	10	80	15,5

Les différentes formes de matière organique des deux sédiments ont été fractionnées (tableau III-5) selon le protocole présenté sur la figure III-9. Je présenterais ici la matière organique soluble de Tarfaya et la matière organique insoluble de Timahdit.

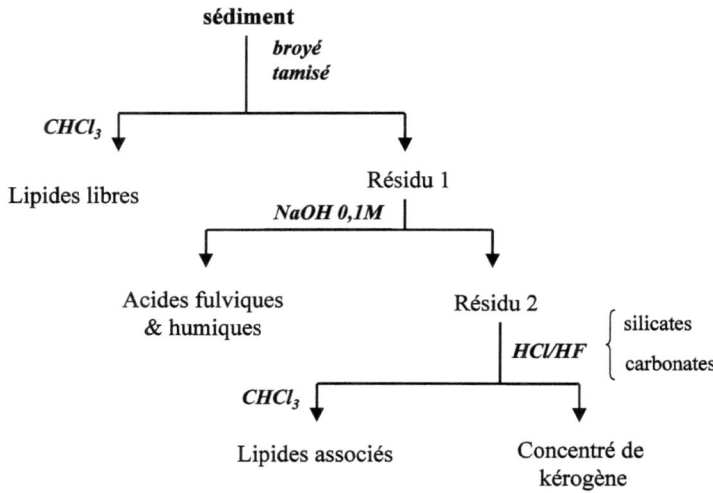

Figure III-9 : Protocole de fractionnement de la matière organique sédimentaire.

Tableau III-5 : Résultats du fractionnement de la matière organique des sédiments

	Carbonates	Silicates	Lipides	Kérogène vrai
Tarfaya R1	65	8,5	1,2	19,6
Tarfaya R3	68	10,3	1,1	16,7
Timhadit Y	37,9	38,8	1,5	14,9

2-1. Etude de la matière organique soluble

La matière organique soluble des sédiments est intéressante car elle est représentative de l'évolution de la biomasse originelle. Si le sédiment est peu évolué, les lipides correspondent aux molécules caractéristiques du monde vivant aquatique ou terrestre. A l'opposé, les transformations plus ou moins importantes que subissent certaines biomolécules durant leur enfouissement conduiront à la formation de composés fossiles. La recherche de ces « indices moléculaires » est très utilisée en exploitation pétrolière pour déterminer l'origine, le paléo environnement, la maturité et les conditions de dépôt des sédiments.

Les lipides de Tarfaya, extraits au chloroforme ont été étudiés par chromatographie en phase gazeuse couplée à la spectrométrie de masse. Les résultats quantitatifs des différents fractionnements sont présentés dans le tableau III-6.

Tableau III-6 : Masse des principales familles de composés (mg/kg de sédiment sec).

	PRODUITS	Tarfaya R1	Tarfaya R3
Fraction Neutre	Hydrocarbures	888 *(7,5%)*	542 *(4,9%)*
	Esters	Traces	42 *(0,4%)*
	Aldéhydes, Cétones	327 *(2,81%)*	435 *(3,9%)*
	Alcools	48 *(0,4%)*	108 *(1,0%)*
	Composés soufrés *	113 *(0,9%)*	104 *(0,9%)*
	Composés azotés *	37 *(0,3%)*	43 *(0,4%)*
	Autres	309 *(2,6%)*	119 *(1,1%)*
	LMN	3138 *(26,5%)*	1765 *(15,9%)*
Fraction Acide méthylée	Monoacides linéaires	235 *(2,0%)*	269 *(2,4%)*
	Di- et Céto- Acides aliphatiques	382 *(3,2%)*	492 *(4,4%)*
	Autres acides	35 *(0,3%)*	254 *(2,3%)*
	LMA	6273 *(53,0%)*	6747 *(61,0%)*

* répartis dans différentes fractions

Les distributions des principales familles de composés sont présentées sous forme de chromatogrammes et de fragmentogrammes sur les figures III-10 à III-15

Les lipides extraits du sédiment de Tarfaya ont deux origines différentes, certains proviennent directement de lipides originels encore peu transformés (alcanes longs et impairs, acides monocarboxyliques pairs…) et d'autres sont des produits issus de l'évolution diagénétique des kérogènes et/ou de la MO soluble (alcanes courts dont la valeur de CPI tend vers 1, triterpènes diagénétiques, composés aromatiques, HPA...). Le mécanisme de formation des diastéranes et diastérènes est proposé sur la figure III-16.

La plupart de ces lipides sont hérités des végétaux supérieurs terrestres ou marins (alcanes majoritairement impairs, alcools linéaires, acides gras long pairs, stérols, esters méthyliques acides α,ω-dicarboxyliques courts). La prédominance des acides gras à chaînes courtes (C_{12} à C_{18}) est un indicateur d'une MO issue de dérivés algaires

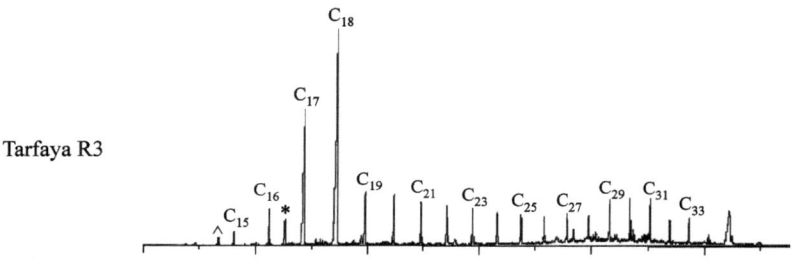

Figure III-10 : Chromatogramme des hydrocarbures (n-alcanes).

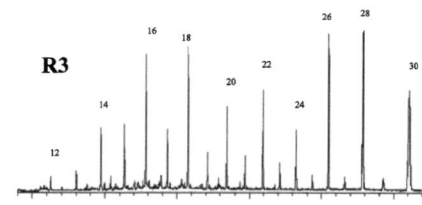

Figure III-11 : Fragmentogramme m/z=61 présentant la distribution des alcools linéaires acétylés.

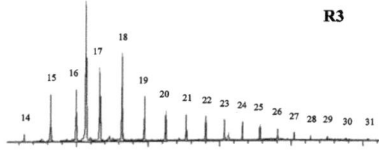

Figure III-12 : Fragmentogramme m/z=58 présentant la distribution des méthylcétones.

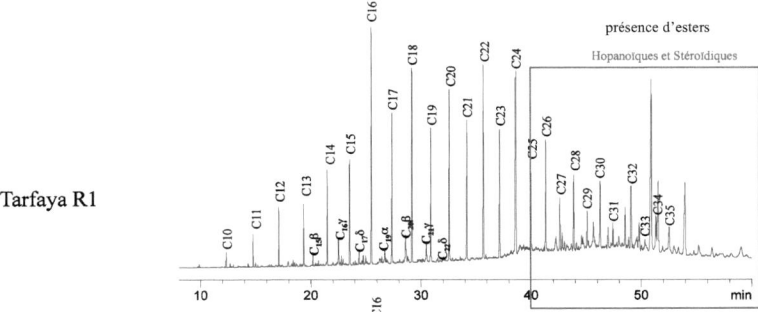

Figure III-13 : Distribution des monoacides méthylés.

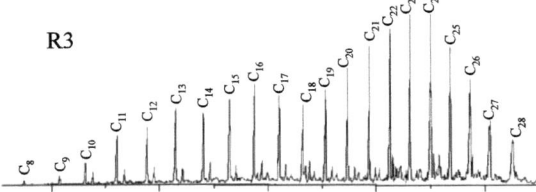

Figure III-14 : Fragmentogramme m/z=98 représentant les distributions des α,ω-diacides (méthylés).

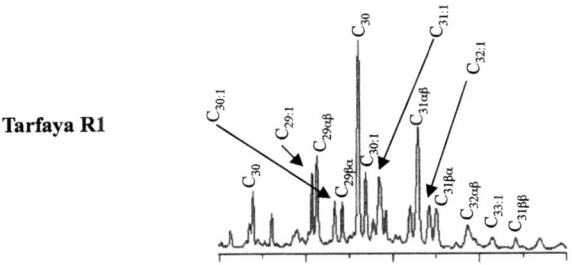

Figure III-15 : Fragmentogramme m/z=191 représentant les hydrocarbures hopanoïques.

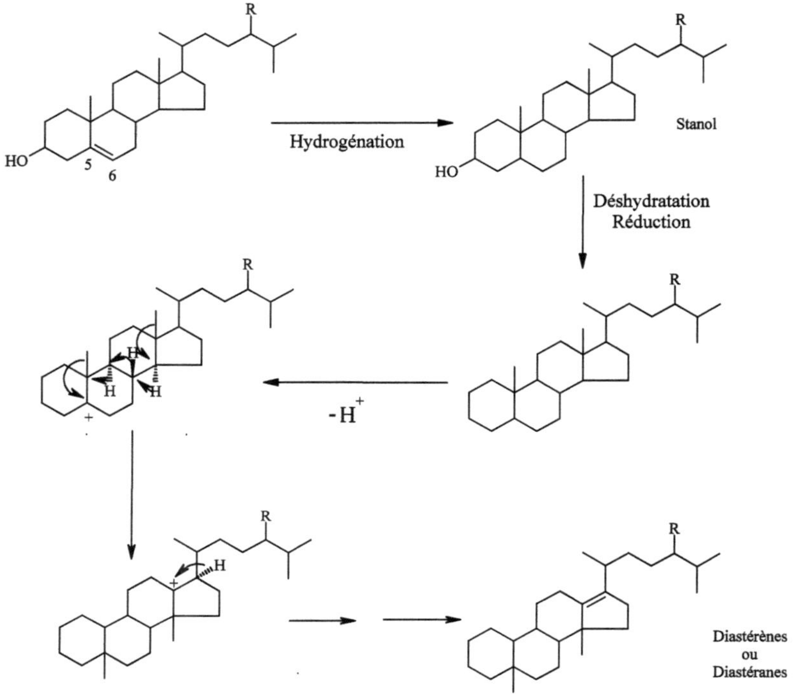

Figure III-16 : Transformation des stérols dans les sédiments.

D'autre part, un certain nombre de composés témoigne d'une activité bactérienne réductrice (méthylstéranes, stérols accompagnés de stanols, alcanes et alcools courts, aldéhydes). Des familles de produits d'origine microbienne tels que les hopanoïdes (figures III-13 et III-15) sont également observées.

Les témoins de phénomènes d'oxydation ne sont pas totalement absents, comme l'atteste la présence de composés oxydés tels que les cétoacides, les cétones (figure III-12) ou les acides α,ω-dicarboxyliques longs (figure III-14).

Certains composés comme les stéroïdes, les triterpènes hexa- et pentacycliques, ont subi des phénomènes d'aromatisation abiotiques. Le mécanisme d'aromatisation de la β-amyrine est proposé dans la figure III-17.

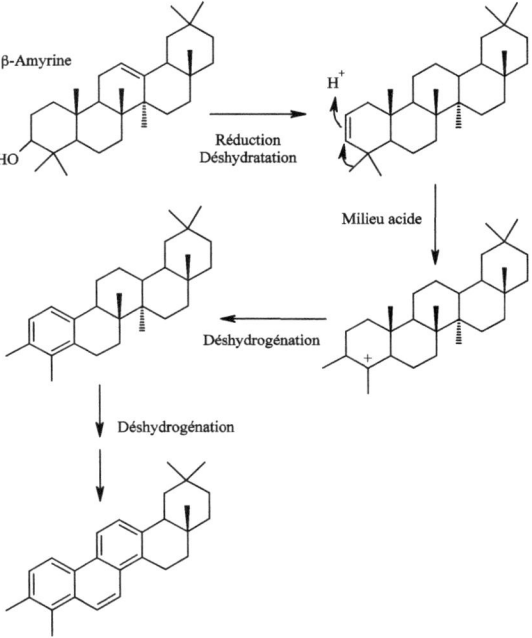

Figure III-17 : Mécanisme d'aromatisation de la β-amyrine (Chaffee & Johns, 1983).

D'autres facteurs montrent que les milieux de sédimentation étaient plutôt réducteurs. Le rapport pristane/phytane (ici inférieur à 1) est en effet un bon indicateur des conditions du milieu (figure III-18). La présence de composés organo-soufrés (ci-dessous) montre que ces conditions étaient anoxiques.

R1=Et, Pr, Bu ; R2 = C11-C14 ; R3 = H, Me

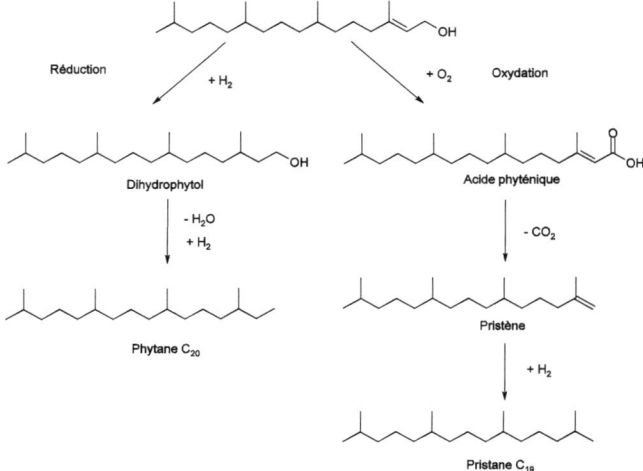

Figure III-18 : Evolution du phytol dans les sédiments.

2-2. Etude de la matière organique insoluble (kérogène)

Le kérogène constitue une fraction importante de la matière organique sédimentaire. Son étude structurale apporte des informations sur la nature et l'origine de la matière organique, sur ses processus de formation, d'accumulation et de transformation, ainsi que sur la formation du pétrole. La complexité et l'insolubilité du kérogène rendent difficile cette étude. Plusieurs méthodes ont été employées pour résoudre ces problèmes, cependant, les informations obtenues restent souvent limitées.

Hydrolyse alcaline

L'hydrolyse alcaline par l'hydroxyde de potassium est couramment employée pour étudier la présence de liaisons ester dans les kérogènes (Vitorovic, 1980). Cependant les rendements sont souvent faibles, en raison de la complexité du matériau étudié. Pour remédier à ces problèmes d'encombrement stérique qui limitent l'accessibilité de certaines fonctions ester, un catalyseur de transfert de phase est employé (Amblès *et al.* 1987, 1993a, 1993b).

L'hydrolyse alcaline catalysée par l'éther couronne 18-C-6, réalisée en deux séries par étapes successives, a permis d'identifier et de quantifier (tableau III-7) les différentes structures acides liées initialement à la matrice du kérogène sous forme d'esters (figure III-19). L'étude approfondie des produits d'hydrolyse a montré que les acides liés au kérogène de Timahdit sont en majorité aromatiques et présents en quantité importante dans la partie profonde de la matrice. Les acides aliphatiques, sont en majorité dicarboxyliques, à chaîne courte. La distribution des acides monocarboxyliques linéaires montre la nette prédominance des acides en C_{16} et C_{18}.

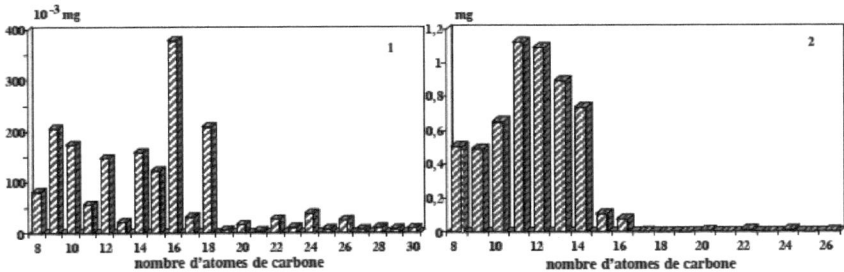

Figure III-19 : Distributions des acides (1) et diacides (2) aliphatiques obtenus par hydrolyse.

La matrice du kérogène apparaît donc plutôt aliphatique «en périphérie» avec un «cœur» aromatique. Elle est réticulée par des diacides aliphatiques à chaînes courtes et aromatiques, et substituée par des monoacides aliphatiques et aromatiques.

Oxydation par RuO_4

Le tétroxyde de Ruthénium est un réactif plus doux que le permanganate de potassium, qui a été utilisé pour l'étude de charbons et de kérogènes (Dragojlovic *et al.*, 1993 ; Reiss *et al.*, 1993). RuO_4 oxyde les groupements alkyles portés par des noyaux aromatiques, conduisant à la formation d'acides carboxyliques. Les doubles liaisons et les alcools sont oxydés en acides carboxyliques (Blokker *et al.*, 2000). Les éthers sont oxydés en esters (Dragojlovic *et al.*, 1993). Les esters sont probablement hydrolysés (Reiss *et al.*, 1993).

Les quantités d'acides obtenues par oxydation du kérogène sont reportées dans le tableau III-8. Les distributions de mono- et diacides (figure III-20) sont proches de celles obtenues par hydrolyse, ce qui montre que RuO_4 dégrade les liaisons ester. En plus des structures aliphatiques, l'oxydation par RuO_4 a mis en évidence les structures polycycliques (hopanes et stéranes) présentes dans ce kérogène (figure III-21), et préalablement identifiées par pyrolyse préparative. Les hopanes, étaient très probablement liés par fonction éther au kérogène.

Tableau III-7 : Quantités (mg/kg de kerogène) et distributions des familles de composés libérés par hydrolyse.

		Premier étape	Seconde	Total
acides	aliphatiques			
	monoacides	15.2	16.3	31.5
	diacides	23.5	25.3	48.8
acides	aromatiques			
	monoacides	8.3	30.2	38.5
	diacides	8.6	16.3	24.9
acides thiopheniques		0.1	-	0.1
acétates aliphatiques		13.4	traces	13.4
aromatiques		-	16.5	16.5
hydrocarbures		9.3	6.2	18.5
polaires				183

Tableau III-8 : Acides aliphatiques et hopanoïques produits par oxydation.

acides		mg/g COT	gamme	max	Total
monocarboxyliques	linéaires	7.34	C_5-C_{26}	C_{16}	9.42
	ramifiés	2.08	C_{11}-C_{24}	C_{16}	
dicarboxyliques	linéaires	26.54	C_7-C_{26}	C_7-C_9	45.13
	ramifiés	18.59	C_5-C_{21}	C_6, C_7	
hopanoiques		0.12	C_{31}, C_{32}	C_{32}	0.12

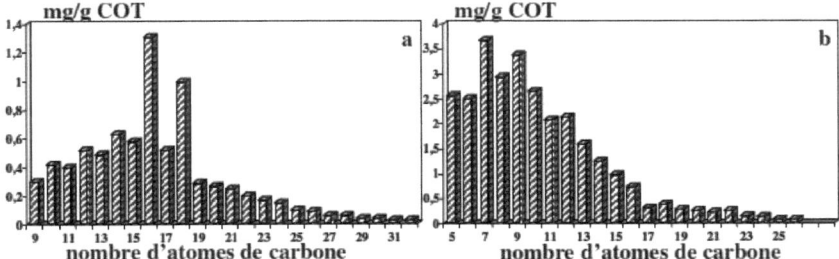

Figure III-20 : Monoacides(a) et diacides (b) aliphatiques produits par oxydation.

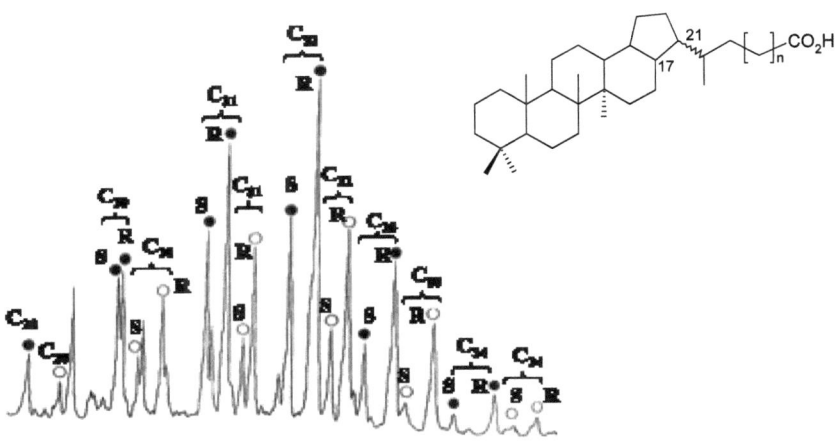

Figure III-21 : Acides hopanoïques identifiés parmi les produits d'oxydation (RuO$_4$).

2-3. Conclusion

Les lipides du sédiment de Tarfaya ont été fractionnés et caractérisés. Leur origine est double, certains provenant de lipides peu transformés tandis que d'autres sont des produits d'évolution diagenétique du kérogène ou de la matière organique soluble.

Le kérogène de Timahdit a été étudié à l'aide de réactions de dégradation sélectives. L'hydrolyse alcaline en 2 étapes, catalysée par transfert de phase, a montré que des diacides aromatiques et aliphatiques interviennent dans la réticulation de la matrice. Celle-ci est substituée par des monoacides aliphatiques et aromatiques ainsi que par des alcools. L'oxydation du kérogène par RuO_4 libère des mono- et diacides qui étaient pour partie liés par liaisons ester. Des acides hopanoïques, probablement liés au kérogene par fonction éther sont obtenus.

3. Rôle de la matière organique d'une série sédimentaire dans le transport potentiel de radionucléides

Les déchets nucléaires, principalement issus de la production d'électricité présentent un danger pour l'environnement du fait de leur toxicité chimique, leur radioactivité et de leur durée de vie (supérieure à 1000 ans). Il est donc nécessaire de les isoler de la biosphère dans des formations géologiques profondes, peu perméables et stables dans le temps. Les formations sédimentaires riches en argiles correspondent à ces critères et présentent généralement des teneurs significatives en matière organique.

Dans le cadre d'un stockage de déchets radioactifs dans ces formations, il est indispensable d'étudier, à partir d'un site modèle, la nature de cette matière et son rôle potentiel dans la rétention et/ou la migration des radionucléides. D'une part les acides humiques, les lipides oxygénés naturels ou résultant de l'oxydation des hydrocarbures, complexent plus ou moins fortement les métaux en général. D'autre part, le kérogène ou la matière organique complexe, pourrait libérer par radiolyse des molécules oxygénées. Une matière organique fixée retardera une éventuelle migration de radionucléides, a contrario une matière organique mobile représentera un vecteur potentiel de migration. Enfin, le rôle possible de la matière organique sédimentaire dans la régulation de conditions réductrices des eaux interstitielles, qui imposent une très faible solubilité de nombreux actinides, reste mal compris.

Deux échantillons, argilite et schiste carton du Toarcien, issus du site expérimental de Tournemire (Boisson *et al.*, 1998) dans l'Aveyron (figure III-22), ont été étudiés. Les échantillons ont été prélevés à partir de forages effectués depuis le tunnel (figure III-23). Ce tunnel de 1900 m de long, aujourd'hui désaffecté est utilisé par l'Institut de Protection et de Sûreté Nucléaire (IPSN) comme laboratoire souterrain afin de modéliser les conditions de confinement d'un point de vue hydrogéologique et dynamique.

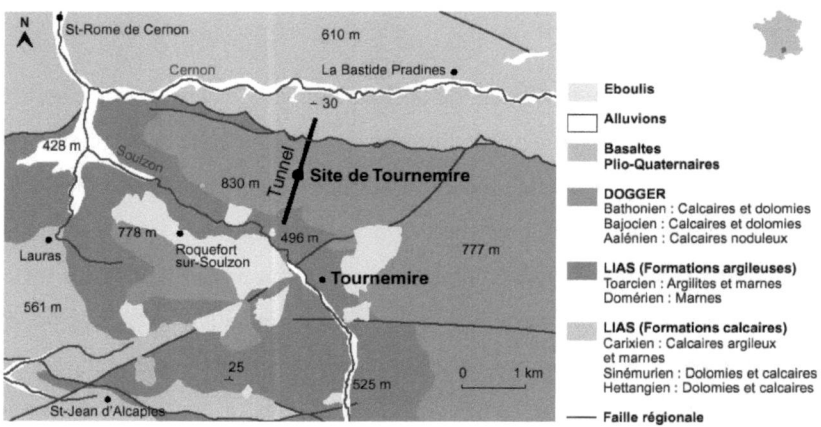

Figure III-22 : Station expérimentale de Tournemire (d'après carte BRGM, 1984).

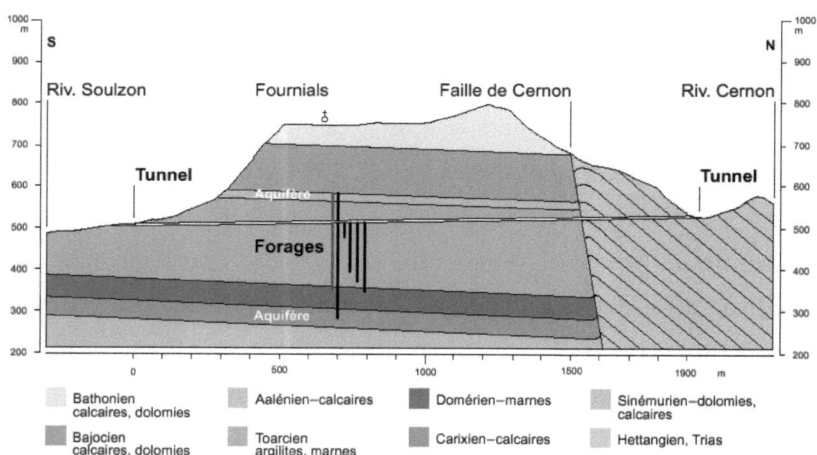

Figure III-23 : Profil géologique du tunnel de Tournemire.

Les caractéristiques globales des échantillons sont reportées dans le tableau III-9. Le schiste carton contient 3 fois plus de matière organique que l'argilite et présente une teneur élevée en lipides (près de 14 g/kg de sédiment sec). Les deux sédiments ne contiennent plus de substances humiques.

Tableau III-9 : Préparation du concentré de kerogene (CK)
(% massique de sediment sec).

	% MO	Carbonates	Silicates	lipides Totaux	CK
Argilite	11,5	20,99	44,98	0,08 (0,05)	33,95
Schiste	28,0	24,0	45,4	1,6 (0,2)	29,0

(lipides associés)

3-1. Etude des lipides

Les lipides libres ont été fractionnés et les résultats reportés dans le tableau 38. Ce sont essentiellement des lipides neutres (89%). Les hydrocarbures sont majoritaires et très aliphatiques dans le cas du schiste (figure III-24).

Tableau III-10 : Pré-séparation des lipides libres (quantités en ppm).

	lipides libres	*Fraction Neutre*	*Fraction Acide*	*Fraction Polaire*
Argilite	*342*	*222*	*30*	*23*
Schiste	*13862*	*12293*	*1225*	*326*

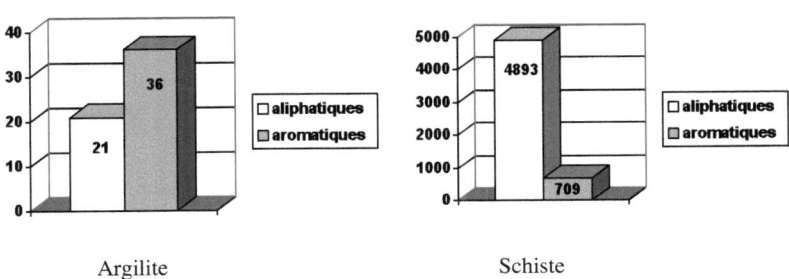

Argilite   Schiste

Figure III-24 : Répartition des hydrocarbures dans les 2 échantillons.

Les lipides ont été analysés par chromatographie en phase gazeuse couplée à la spectrométrie de masse. En ce qui concerne le schiste, les alcanes linéaires à distribution gaussienne (figure III-26) sont accompagnés de pristane et phytane, de α,β-hopanes et de β,α-diastéranes diagénétiques (figure III-25). L'ensemble de ces éléments indique que le sédiment a atteint un degré de relative maturité, il peut être comparé aux sédiments pétroligènes contemporains du Bassin de Paris.

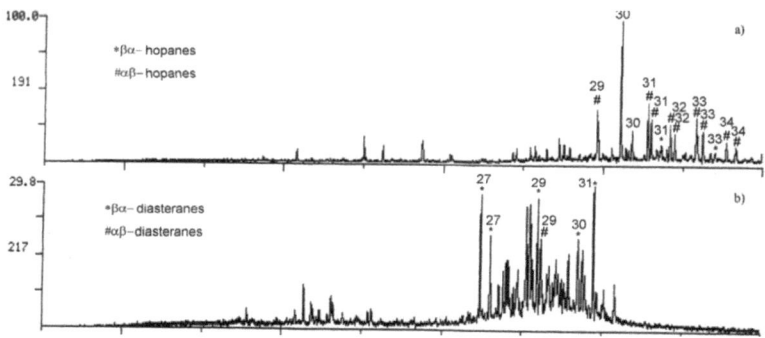

Figure III-26 : Fragmentogrammes m/z 191 et m/z 217 représentant respectivement les distributions des hopanes et des stéranes du schiste.

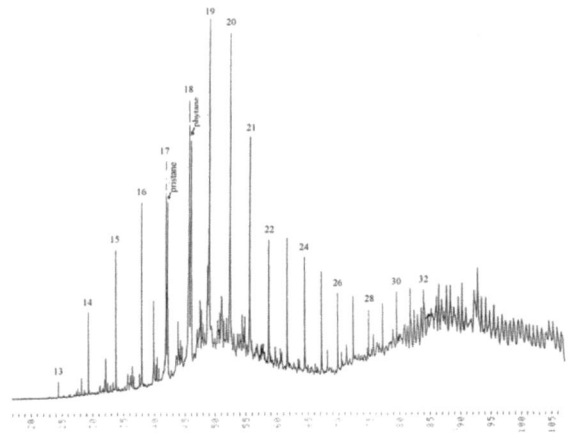

Figure III-27 : Chromatogramme des hydrocarbures du schiste carton.

L'argilite contient 40 fois moins de lipides que le schiste carton. Les *n*-alcanes à distribution Gaussienne (figure III-28), les pristane et phytane, les α,β-hopanes et β,α-diastéranes diagénétiques (figure III-27) sont accompagnés de β,β-hopanes naturels, d'hydrocarbures longs impairs, d'acides gras courts (C_{16}, C_{18}) ou longs pairs (figure II-29) qui témoignent d'une matière organique moins évoluée.

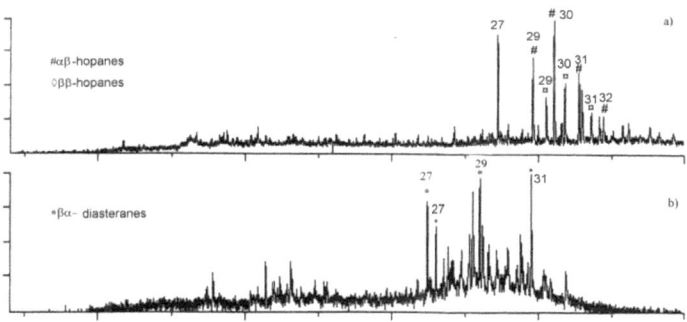

Figure III-27 : Fragmentogrammes m/z 191 et m/z 217 représentant respectivement les distributions des hopanes et des stéranes de l'argilite.

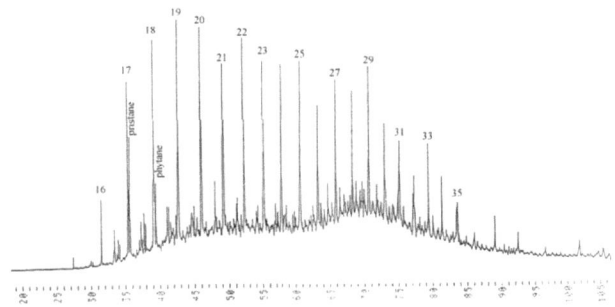

Figure III-28: Chromatogramme des hydrocarbures de l'argilite.

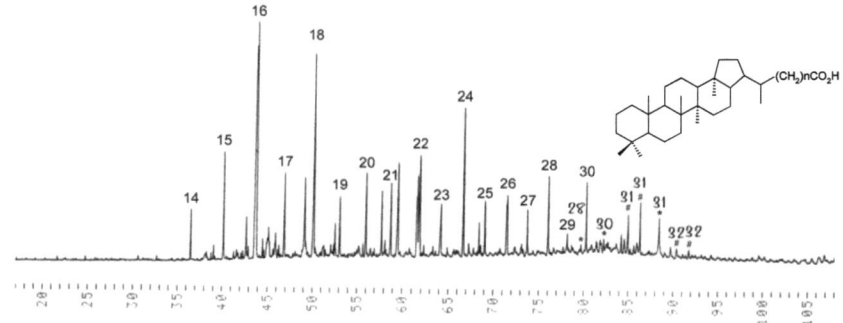

Figure III-29 : chromatogramme des acides gras méthylés de l'argilite.
* acides βα-hopanoiques ; # acides αβ-hopanoiques

Les acides hopanoiques de configuration βα- et αβ- identifiés parmi les acides gras d'origine végétale (figure III-29), sont vraisemblablement produits par oxydation des hopanes diagénétiques. Ceci indiquerait une circulation de matière organique fraîche et de vecteurs d'oxydation à travers une matière organique plus mature.

3-2. Etude du concentré de kérogène

Les concentrés de kérogène dont les caractéristiques globales sont reportées dans le tableau III-11, ont été analysés par pyrolyse Rock-Eval (tableau III-12).

Tableau III-11 : Analyse élémentaire des concentrés de kérogène A et C (% massique).

	% MO	C	H	N	S	H/C atomique
Argilite	14,5	3.20	0.57	0.30	13.51	2,1
Schiste	30,3	14.76	1.82	0.33	12.69	1,5

Les rapports atomiques H/C élevés indiquent que les kérogènes sont de type I, c'est à dire qu'il s'agit d'une matière organique aliphatique, d'origine marine ou lacustre.

Tableau III-12 : Analyse Rock-Eval des concentrés de kérogène.

	Argilite	Schiste
CO (% massique)	3.08	14.88
S_1 (mg.g^{-1} CO)	0.69	3.96
S_2 (mg.g^{-1} CO)	9.20	89.15
S_3 (mg.g^{-1} CO)	2.17	2.92
IH	298	599
IO	70	19
$T_{max.}$	440	434

CO : carbone organique, IH : indice d'hydrogène (S2/OC), IO : indice d'oxygène (S3/OC)

Trois pics sont obtenus au cours de la montée en température sous gaz inerte (Helium), leurs surfaces donnent les indications suivantes :
- S1 : quantité d'hydrocarbures faiblement adsorbés (gaz et huile), volatilisés à 300°C pendant 2 minutes,
- S2 : quantité de composés hydrocarbonés générés par craquage entre 300 et 600°C,
- S3 : quantité de CO_2 piégé lors du craquage entre 300 et 390°C.

La température T_{max} atteinte au sommet du pic S2, est la température qui produit la plus grande quantité d'hydrocarbures par craquage. Cette température augmente avec le degré d'évolution de la matière organique. Les valeurs obtenues pour les 2 échantillons montrent qu'il s'agit de sédiments matures qui se situent en début de production d'huile.

La teneur en carbone organique résiduel de l'échantillon ainsi pyrolysé est obtenue par combustion dans l'air à 600°C. La somme du carbone organique résiduel et du carbone organique pyrolysé (pics S1 et S2) conduit à la teneur en carbone organique total.

Au total, la matière organique présente dans l'argilite apparaît donc comme composite. Ce résultat n'est actuellement pas expliqué, une circulation de matière organique immature postérieure à la sédimentation, observée dans d'autres milieux (Ledésert *et al.*, 1996), semble peu probable à Tournemire.

3-3. Etude du percolat

De l'eau circulant à travers un réseau de fractures dans l'argilite a pu être recueillie et analysée par GC-MS. Les distributions des hydrocarbures et des acides gras sont présentées respectivement sur les figures III-30 et III-31. Ces distributions dénotent une origine typiquement végétale.

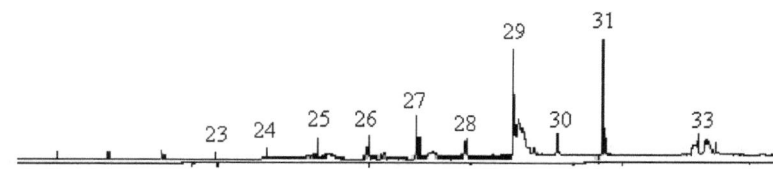

Figure III-30: Fragmentogramme m/z 85 représentant la distribution des *n*-alcanes dans l'eau percolant à travers l'argilite

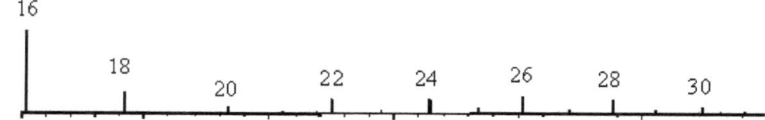

Figure III-31 : Fragmentogramme m/z 74 représentant la distribution des acides gras méthylés dans l'eau percolant à travers l'argilite

Mis à part les *n*-alcanes, il n'y a pas de similitudes entre les lipides identifiés dans cette eau de fracture et les lipides de l'argilite. La matière organique dissoute est immature, comme une faible part de la matière organique de l'argilite. Il est à noter que des phénomènes complexes d'échange peuvent exister entre un percolat et la phase solide traversée (Amblès *et al.*, 1998).

3-4. Conclusion

La nature de la matière organique est un paramètre important dans la capacité d'enfouissement à retenir les radionucléides. Pour cette raison, deux échantillons, argilite et schiste carton du Toarcien, issus du site expérimental de Tournemire, ont été étudiés. Ces deux sédiments ne contiennent plus d'acides humiques, vecteurs potentiels. La teneur élevée en lipides du schiste carton et la présence dans ces lipides de steranes et de triterpanes diagenétiques indiquent que le sédiment a atteint un degré de relative maturité. L'argilite contient 40 fois moins de lipides que le schiste carton. La matière organique présente dans l'argilite apparaît comme composite. La présence d'acides hopanoiques diagenétique semble indiquer une circulation de matière organique immature entraînant des vecteurs d'oxydation.

CONCLUSIONS ET PERSPECTIVES

Les résultats présentés dans ce rapport font état de l'avancée des travaux menés sur une période de 7 ans sur la matière organique simple et complexe des sols et des sédiments. Ces travaux ont fait l'objet de collaborations avec des partenaires industriels et universitaires français et étrangers. Ces collaborations nous ont apporté une vision plus large des thèmes abordés tout en nous permettant d'aborder certaines applications.

La structure et la dynamique de la matière organique mobile (lipides), peu soluble (acides humiques) et insoluble (humine et kérogène) ont été étudiés dans différents environnements. Les sols, les tourbes qui représentent la première phase d'accumulation du carbone organique (diagenèse précoce) et les sédiments anciens dans lesquels le carbone organique s'est transformé. L'étude de ces différents milieux pouvant permettre d'appréhender les mécanismes d'accumulation du carbone.

L'étude de la structure et de l'évolution de la matière organique des sols et des sédiments a nécessité la mise en œuvre de techniques d'analyse globales comme la spectroscopie infra-rouge ou la RMN ^{13}C (CP-MAS) et plus approfondies comme la pyrolyse off-line ou on-line (Py-GC/MS). En fonction des informations obtenues, nous avons appliqué aux macromolécules biologiques, des réactions de dégradation plus sélectives par voie chimique ou enzymatique. Le développement ou l'adaptation de ces techniques et réactions de dégradation a donc constitué une large partie de ce travail.

L'étude de la matière organique complexe des sols et des sédiments fait apparaître la présence de chaînes aliphatiques, liées au réseau macromoléculaire par des liaisons éther ou ester, ou formant des ponts di alkyles. L'importance des liaisons de faible énergie a pu être soulignée dans la structure des substances humiques ainsi que la contribution ligneuse.

L'accumulation du carbone dans les tourbes et les sédiments s'est déroulée en milieu anoxique (conditions réductrices), cependant il existe des témoins de phénomènes d'oxydation qui ont pu se produire au préalable ou lors d'échanges possibles avec une phase mobile.

L'étude des processus de biodégradation du carbone dans les sols montre que les molécules simples, après oxydation, peuvent s'incorporer dans le réseau macromoléculaire par liaisons ester ou éther. Nous avons ainsi montré que l'apport de carbone organique sur des sols cultivés en améliore les qualités.

L'étude de la transformation et de la valorisation de déchets organiques fait partie des thèmes de recherches que j'ai poursuivi par la suite. Ces travaux concernent la valorisation du carbone issu de la biomasse à des fins agronomiques (amendements) ou énergétiques (biocarburants).

REFERENCES BIBLIOGRAPHIQUES

Alpern B. (1981)
Les schistes bitumineux ; constitution, réserves, valorisation.
Bulletin des Centres de Recherches Exploration-Production Elf-Aquitaine, **5**(2), 319-352.

Amblès A., Djuricic M.V., Djordjevic L. et Vitorovic D. (1981)
Nature of Kerogen from the Green River Shale based on the character of the products of a forty-step alkaline permanganate oxidation.
Advances in Organic Geochemistry, 554-560.

Amblès A., Magnoux P., Jambu P., Jacquesy R. et Fustec-Mathon E. (1989)
Effects of addition of bentonite on the hydrocarbon fraction of a podzol soil (A1 horizon).
Journal of Soil Science, **40**, 685-694.

Amblès A., Jacquesy J.C., Jambu P., Joffre J. et Maggi-Churin R. (1991)
Polar lipid fraction in soil : a kerogen-like matter.
Organic Geochemistry, **17**, 341-349.

Amblès A., Baudet N., Jacquesy J.C. et Kribii A. (1992)
Chemical characterisation of oil shale kerogens using a transalkylation reaction.
Tetrahedron Letters, **33**, 5193-5196.

Amblès A., Baudet N. et Jacquesy J.C. (1993)
Structural study of the kerogen from Brazilian Irati Oil Shale by selective degradations.
Tetrahedron Letters, **34**, 1783-1786.

Amblès A., Jacquesy J.C., Jambu P., Mayoungou-Vembet P, Okome-Mintsa M., Hita C. et Parlanti E. (1993b)
High molecular weight lipids present in soil. Nature and origin.
Organic Geochemistry. (Oygard K., Ed.), F-Hurtigtrykk, Oslo, 668-671.

Amblès A., Jambu P., Parlanti E., Riffé C. et Joffre J. (1994)
Incorporation of natural monoacids from plant residues into an hydromorphic forest podzol.
European Journal of Soil Science, **45**, 175-182.

Amblès A., Colina-Tejada A., Jambu P., Lemée L. et Parlanti E. (1998)
Experimental leaching of podzol soil lipids. Nature and biological origin of water soluble components.
Agrochimica, **42**(3-4), 158-171.

Augris N., Balesdent J., Mariotti A., Derenne S. et Largeau C. (1998)
Structure and origin of insoluble and non-hydrolysable, aliphatic organic matter in a forest soil.
Organic Geochemistry, **28**, 119-124.

Baudet N., Amblès A., Jacquesy J.C., Vandenbrouke M. et Béhar F. (1994)
Transalkylation applied to the structural characterization of kerogens.
Fuel, **73**, 1594-1599.

Benalioulhaj S. (1989)
Géochimie organique comparée des séries du bassin de schistes bitumineux de Timahdit (Maroc). Implications dans la Phosphatogenèse.
Thèse de, 263 p.

Bikri O. (1984)
Pyrolyse des schistes bitumineux : recherche et développement.
Séminaire sur la Technologie d'exploitation des Schistes bitumineux, Rabat.

Blokker P, Schouten S, de Leeuw J. W, Sinninghe Damste J et van den Ende H (2000)
A comparative study of fossil and extant algaernans using ruthenium tetroxide degradation.
Geochimica and Cosmochimica Acta, **64**, 2055-2065.

Boisson J. Y., Cabrera J. et de Windt L. (1998)
Etude des écoulements dans un massif argileux, laboratoire souterrain de Tournemire.
Sciences et Techniques Nucléaires CE, **Vol. EUR 18338**(IX), 295.

Boon J.J., de Leeuw J.W., Hoele J.V.D. et Vosjan J.H. (1977)
Significance of taxonomic value of iso and anteiso monoenoic fatty acids and branched β-hydroxyacids in desulfovibrio-desulfuricans.
Journal of Bacteriology, **129**, 1183-1191.

Boon J.J., de Leeuw J.W. et Burlingame A.L. (1978)
Organic geochemistry of Walvis bay diatomaceous ooze - III. Structural analysis of the monoenoic and polycyclic fatty acids.
Geochemistry and Cosmochemica Acta, **42**, 631-644.

Boussafir M., Gelin F., Lallier-Verges E., Derennes S., Bertrand P. et Largeau C. (1995)
Electron microscopy and pyrolysis of kerogens from the Kimmeridge Clay formation, U.K : source organisms, preservation processes and origin of microcycles.
Geochimica and Cosmochimica Acta, **59**(18), 3731-3747.

Brooks P.W. et Maxwell J.R. (1974)
Early stage fate of phytol in a recently deposited lacustrine sediment.
Advances in Organic Geochemistry 1973. (Tissot B. et Bienner F., Ed.), Technip, Paris, 977-991.

Broquet P. (1988)
Les schistes bitumineux, quelques gisements types, leur exploitabilité.
26ème Congrès de Géologie Internationale, Section XIV, Université de Besançon, France.

Chaffee A. L. et Johns R. B. (1983)
Polyaromatic hydrocarbons in Australian coals. I- Angularity fused pentacyclic tri and tetraaromatic components of Victorian brocon coal.
Geochimica and Cosmochimica Acta, **47**, 2141-2155.

Challinor J.M. (1989)
A pyrolysis-derivatisation-gas chromatography technique for the structural elucidation of some polymers.
Journal of Analytical and Applied Pyrolysis, **16**, 53-64.

Challinor J.M. (2001)
Review : the development and applications of thermally assisted hydrolysis and methylation reactions.
Journal of Analytical and Applied Pyrolysis, **61**, 3-34.

Chappe B., Michaelis W. et Albrecht P. (1981)
Molecular fossils of Archaebacteria as selective degradation products of kerogen.
Advances in Organic Geochemistry 1979. (Douglas A.G. et Maxwell J.R., Ed.), Pergamon Press, Oxford, 265-274.

Colina-Tejada A., Amblès A. et Jambu P. (1996)
Nature and origin of soluble lipids shed into the soil by rainwater leaching a forest of Pinus maritima sp.
European Journal of Soil Science, **47**, 637-643.

Corbet B., Dastillung M., Albrecht P. et Ourisson G. (1975)
La géochimie des sédiments marins profonds. II : Acides des sédiments.
Rapport CNRS. Orgon II - Atlantique Nord-Est Brésil, Octobre 1975.

Cranwell P.A. (1984)
Lipid geochemistry of sediments from Upton Broad, a small productive lake.
Organic Geochemistry, **7**, 25-37.

de Leeuw J.W. et Baas M. (1993)
The behaviour of esters in the presence of tetramethylammonium salts at elevated temperatures; flash pyrolysis or flash chemolysis ?
Journal of Analytical and Applied Pyrolysis, **26**, 175-184.

Demel R.A. et de Kruyff B. (1976)
The function of sterols in membranes.
Biochimica and Biophysica Acta, **457**, 109-132.

Desbène P.L., Jauseau-Pierre N., Desmazieres B. et Basselier J.J. (1988)
Analytical study of variuous heavy oil residues using a transalkylation reaction.
Chromatographia, **26**, 70-76.

Desbène P.L., Abderrezag A., Desmazieres B., Basselier J.J., Behar F. et Vandenbroucke M. (1990)
The transalkylation reaction. Analytical tool for the study of heavy crude oil fractions. Application to asphaltenes of varoius types.
Organic Geochemistry, **16**, 969-980.

Dragojlovic V., Ambles A. et Vitoric D. (1993)
Characterization of ester and ether moities in the kerogen from Aleksinac oil shale by hydrolysis and ruthenium tetroxide oxidation.
Journal of the Serbian Chemical Society, **58**, 25-38.

Dutartre P., Bartoli F., Andreux F., Portal J.M. et Ange A. (1993)
Influence of content and nature of organic matter on the structure of some sandy soils from Africa.
Geoderma, **56**, 459-478.

Eglinton G., Hunneman D.H. et Douraghi-Zadeh K. (1968)
Gas chromatographic - Mass spectrometric studies of long-chain hydroxyacids : II. The hydroxyacids and fatty acids of a 5000-Years-old lacustrine sediment.
Tetrahedron, **24**, 5929-5941.

Ertel J.R. et Hedges J.I. (1984)
The lignin component of humic substances : distribution among soil and sedimentary humic, fulvic, and base-insoluble fractions.
Geochimica and Cosmochimica Acta, **48**, 2065-2074.

Fakoussa R.M. et Hofrichter M. (1999)
Biotechnology and microbiology of coal degradation.
Applied Microbiology and Biotechnology, **52**, 25-40.

Flaig W.H., Beustelspacher P. et Reitz E. (1975)
Chemical composition and physical properties of humic substances.
Soil Component. (Gieseking J.E., Ed.), Springer-Verlag, New York, **1**, 1-219.

Fustec-Mathon E., Righi D. et Jambu P. (1975)
Influence des bitumes extraits de podzols humiques hydromorphes des Landes du Médoc sur la microflore tellurique.
Revue d'Ecologie et de Biologie des Sols, **12**, 393-404.

Gaskell S. J. et Eglinton G. (1975)
Rapid hydrogenation of sterols in a contemporary lacustrine sediment.
Nature, **254**, 209-211.

Grasset L. (1997)
Etude de l'humine et des acides humiques des sols : Importance de la composante lipidique.
Thèse de, 291 p.

Grasset L. et Amblès A. (1998a)
Structural study of soil humic acids and humin using a new preparative thermochemolysis technique.
Journal of Analytical and Applied Pyrolysis, **47**, 1-12.

Grasset L. et Amblès A. (1998b)
Structure of humin and humic acid from an acid soil as revealed by transfer catalysed hydrolysis.
Organic Geochemistry, **29**, 881-891.

Grasset L. et Amblès A. (1998c)
Aliphatic lipids released from a soil humin after enzymatic degradation of cellulose.
Organic Geochemistry, **29**, 893-897.

Hatcher P.G. et Clifford D.J. (1994)
Flash pyrolysis and *in situ* methylation of humic acids from soil.
Organic Geochemistry, **21**, 1081-1092.

Hempfling R. et Schulten H.R. (1990)
Chemical characterization of the organic matter in forest soils by Curie-point pyrolysis-GC/MS and pyrolysis-field ionization mass spectrometry.
Organic Geochemistry, **15**(2), 131-145.

Henin S., Monnier G. et Combeau A. (1958)
Méthode pour l'étude structurale des sols.
Annales Agronomiques, **9**, 73-92.

Hita C., Parlanti E., Jambu P., Joffre J. et Amblès A. (1996)
Triglyceride degradation in soil.
Organic Geochemistry, **25**(1-2), 19-28.

Jambu P., Coulibaly G., Bilong P., Magnoux P. et Amblès A. (1983)
Influence of lipids on physical properties of soils.
*Studies about Humus, Humus & Planta VIII*Ed.), **1**, 46-50.

Kolattukudy P.E. (1976)
Chemistry and biochemistry of natural waxes. Elsevier, Amsterdam.

Kolattukudy P.E. (1980)
Cutin, suberin and waxes. The biochemistry of plants : IV. Lipids, structure and function. (Stumpf P.K., Ed.), Academic Press, New York, 571-645.

Kribii A. (1994)
Etude structurale des kérogènes par des réactions chimiques sélectives (Transalkylation, Hydrolyse, Oxydation).
Thèse de, 247 p.

Kribii A., Lemée L, Chaouch A. et Amblès A. (2001)
Structural study of the Morocan Timahdit (Y-layer) oil shale kerogen using chemical degradations.
Fuel, **80**, 681-691.

Kvenvolden K.A. (1967)
Normal fatty acids in sediments.
Journal of The American Oil Chemical Society, **44**, 628-636.

Lapierre C., Monties B. et Rolando C. (1985)
Thioacidolyis of lignin : comparison with acidolysis.
Journal of Wood Chemistry and Technology, **5**, 277-292.

Larsen A.B., Funch F.H. et Hamilton H.A. (1991)
The use of fermentation sludge as a fertilizer in agriculture.
Water Science Technology, **24**(12), 33-42.

Larter S.R. et Horsfield B. (1993)
Determination of Structural Components of Kerogens by the Use of Analytical Pyrolysis.
Organic Geochemistry. (Engel M.H. et Macko S.A., Ed.), Plenum Press, New York, 271-287.

Ledesert B., Joffre J., Amblès A., Sardini P., Genter A. et Meunier A. (1996)
Organic matter in the Soultz HDR granite thermal exchanger (France) : natural tracer of fluid circulations between the basement and its sedimentary cover.
Journal of Volcanology and Geothermal Research, **70**, 235-253.

Leeuw de J.W. et Baas M. (1993)
The behaviour of esters in the presence of tetramethylammonium salts at elevated temperatures; flash pyrolysis or flash chemolysis ?
Journal of Analytical and Applied Pyrolysis, **26**, 175-184.

Leine L. (1984)
Etude géologique du gisement des schistes bitumineux de Tarfaya.
Séminaire sur la Technologie d'Exploitation des Schistes Bitumineux, Rabat.

Leo R.F. et Parker P.L. (1966)
Branched-chain fatty acids in sediments.
Science, **152**, 649-650.

Magnoux P. (1982)
Etude de l'influence d'apports d'argiles sur la composition de la fraction lipidique d'un sol carencé.
Thèse de, 115 p.

Matsuda H. (1978)
Early diagenesis of fatty acids in lacustrine sediments. III : Changes in fatty composition in the sediments from a brackish water lake.
Geochimica et Cosmochimica Acta, **42**, 1027-1034.

Mayoungou-Vembet P. (1989)
Dynamique et processus d'évolution d'un hydrocarbure (éicosane) dans le sol.
Thèse de, 219 p.

Mc Carthy R.D. et Duthie A.H. (1962)
A rapid method for the separation of free fatty acids from other lipids.
Journal of Lipid Research, **3**, 117-119.

Mermoud F., Wünsche L., Clerc O., Gulacar F. et Buchs A. (1984)
Steroidal ketones in the early diagenesic transformation of $\Delta 5$ sterols in different types of sediments.
Organic Geochemistry, **6**, 25-29.

Meyers P.A. et Takeuchi N. (1979)
Fatty acids and hydrocarbons in superficial sediments of lake Huron.
Organic Geochemistry, **1**, 127-138.

Meyers P.A., Bourbonniere R.A. et Takeuchi N. (1980)
Hydrocarbons and fatty acids in two cores of lake Huron sediments.
Geochimica and Cosmochimica Acta, **44**, 1215-1221.

Miranda de Castro I. (1994)
Lipides de microorganismes et de sédiments actuels.
Thèse de, 212 p.

Morisson R. I. et Brick J. (1966)
Long chain methyl ketones in soils.
Chemistry and Industry, 596-597.

Mulder M.M., Van der Hage E.R.E. et Boon J.J. (1992)
Analytical in source pyrolytic methylation electron impact mass spectrometry of phenolic acids in biological matrices.
Phytochemical Analysis, **3**, 165-172.

Okomé-Mintsa M. (1991)
Etude des lipides complexes dans les sols acides : structure et origine.
Thèse de, 189 p.

Oudot J., Amblès A., Bourgeois S., Gatellier C. et Sebyera N. (1989)
Hydrocarbon infiltration and biodegradation in a landfarming experiment.
Environmental Pollution, **59**, 17-40.

Ourisson G., Albrecht P. et Rohmer M. (1979)
The hopanoïds. Paleochemistry and biochemistry of a group of natural product.
Pure and Applied Chemistry, **51**, 709-729.

Ourisson G. et Rohmer M. (1992)
Hopanoïds. I : Biohopanoïds: a novel class of bacterial lipids.
Accounts in Chemical Research, **25**, 403-408.

Pagliai M. et Vittori Antisari L. (1993)
Influence of waste organic matter on soil micro- and macro-structure.
Bioresource Technology, **43**, 205-213.

Parlanti E., Riffé C., Jambu P. et Amblès A. (1993)
Xenobiotic compounds evolution in landfarming experiments. Use of organic markers.
Organic Geochemistry. (Oygard K., Ed.), 671-675.

Perry J.J., volkman J.K., Johns R.B. et Bavor H.J.Jr. (1979)
Fatty acids of bacterial origin in contemporary marine sediments.
Geochimica and Cosmichimica Acta, **43**, 1715-1725.

Piccolo A. (2001)
The supramolecular structure of humic substances.
Soil Science, **166**, 810-832.

Preston C.M., Hempfling R., Schulten H.R., Schnitzer M., Trofymow J.A. et Axelson D.E. (1994)
Characterization of organic matter in a forest soil of coastal British Columbia by NMR and pyrolysis-field ionization mass spectrometry.
Plant and Soil, **158**, 69-82.

Reiss C., Blanc P. et Albrecht P. (1993)
New strutural information on Messel shale kerogen based on selective chemical degradation.
Organic Geochemistry. (Oygard K., Ed.), F. Hurtigtrykk, Oslo, 500-503.

Reiss C. (1994)
Etude structurale de géomacromolécules par dégradations chimiques sélectives. Synthèse et caractérisation de nouveaux composés polyaromatiques non plans.
Thèse de l'Université Louis Pasteur, Strasbourg, 228 p.

Rheinbraun AG (Ed.) (1997)
Lignite international, Cologne, Germany.

Ries-Kautt M. et Albrecht P. (1989)
Hopane-derived triterpenoïds in soils.
Chemical Geology, **76**, 143-151.

Saiz-Gimenez C. (1992)
Application of pyrolysis-gas chromatography/mass spectrometry to the study of soils, plant materials and humic substances. A critical appraisal.
HUMUS, its structure and role in agriculture and environment. (Kubat J., Ed.), Elsevier Sciences, B.V, **25**, 27-38.

Schmitter J.M., Arpino P. et Guiochon G. (1978)
Investigation of high-molecular weight carboxylic acids in petroleum by different combinations of chromatography (gas and liquid) and mass spectroscopy (electron impact and chemical ionization).
Journal of Chromatography, **167**, 149-158.

Schnitzer M. et Wright J.R. (1960)
Studies on the oxidation of the organic matter of the A_0 and Bh horizons of a podzol.
Trans. 7th International Congress of Soil Sciences, Madison.

Schnitzer M. (1974)
Alkaline cupric oxidation of a methylated fulvic acid.
Soil Biology and Biochemistry, **6**, 1-6.

Schnitzer M. et Neyroud J.A. (1975)
Further investigation of fungal "humic acids".
Soil Biology and Biochemistry, **7**, 365-371.

Schnitzer M. et Schulten H.R. (1992)
The analysis of soil organic matter by pyrolysis-field ionization mass spectrometry.
Soil Science Society of America Journal, **56**, 1811-1817.

Schuda P., Cichowicz M. et Heimann M. (1983)
A facile method for the oxidative removal of benzyl ethers : the oxidation of benzyl ethers to benzoates by ruthenium tetraoxide.
Tetrahedron Letters, **24**, 3829-3830.

Schwoerer V. (1998)
Matière organique des sols : Etude structurale et interactions avec des substances xénobiotiques.
Thèse de, 174 p.

Sebyera N. (1987)
Biodégradation des produits pétroliers dans le sol : évaluation de la technique du land-farming.
Thèse de l'Université de Poitiers, 228 p.

Tegelaar E.W., de Leeuw J.W., Largeau C., Derenne S., Schulten H.R., Müller R., Boon J.J., Nip M. et Sprenkels J.C.M. (1989)
Scope and limitations of several pyrolysis methods in the structural elucidation of a macromolecular plant constituent in the leaf cuticle of *Agave Americana L.*
Journal of Analytical and Applied Pyrolysis, **15**, 29-54.

Valadas B. (1983)
Les Hautes terres du Massif Central français. Contribution à l'étude des morphodynamiques sur versants cristallins et volcaniques.
Thèse de, 927 p.

van Bergen P.F., Bull I.D., Poulton P.R. et Evershed R.P. (1997)
Organic geochemical studies of soils from the Rothamsted Classical Experiments - I. Total lipid extracts, solvent insoluble residues and humic acids from Broadbalk Wilderness.
Organic Geochemistry, **26**, 117-135.

van Dorsselaer A., Albrecht P. et Connan J. (1977)
Changes in the composition of polycyclic alkanes by thermal maturation.
Advances in Organic Geochemistry. (Campos R. et Goni J., Ed.), ENADISMA, Madrid, 53-59.

Vitoric D. (1980)
Structure elucidation of kerogen by chemical methods.
Kerogen. Insoluble organic matter from sedimentary rocks. (Durand B., Ed.), Technip, Paris, 301-338.

Vitorovic D., Amblès A., Bajc S., Cvetkovic O. et Polic P. (1994)
Kerogen diversity demonstrated by oxidation. I. Type I kerogens.
Journal of the Serbian Chemical Society, **59**, 75-85.

Vitorovic D., Amblès A., Cvetkovic O., Bajc S. et Polic P. (1996)
Kerogen diversity demonstrated by oxidation. II. Type II kerogens.
Journal of the Serbian Chemical Society, **61**, 137-147.

Weete J.D. (1974)
Fungal lipid biochemistry. Distribution and metabolism.
*Monographs in lipids Research*Ed.), Plenum Press, New York and London, **1**, 209-238.

Zemmouri O. et Broquet P. (1977)
Les grands traits géologiques et structuraux de la région de Timahdit (Moyen-Atlas, Maroc).
Applications à la prospection des schistes bitumineux.
5ème Réunion Annuelle des Sciences de la Terre, Rennes.

i want morebooks!

Buy your books fast and straightforward online - at one of world's fastest growing online book stores! Environmentally sound due to Print-on-Demand technologies.

Buy your books online at
www.get-morebooks.com

Achetez vos livres en ligne, vite et bien, sur l'une des librairies en ligne les plus performantes au monde!
En protégeant nos ressources et notre environnement grâce à l'impression à la demande.

La librairie en ligne pour acheter plus vite
www.morebooks.fr

VDM Verlagsservicegesellschaft mbH
Heinrich-Böcking-Str. 6-8　　　Telefon: +49 681 3720 174　　　info@vdm-vsg.de
D - 66121 Saarbrücken　　　　Telefax: +49 681 3720 1749　　　www.vdm-vsg.de

Printed by Books on Demand GmbH, Norderstedt / Germany